React Native 學習手冊
第二版

Building Native Mobile Apps with JavaScript
Second Edition

Bonnie Eisenman 著

張靜雯 譯

目錄

前言

這本書將帶你進入 React Native 的世界，React Native 是 Facebook 公司用來開發手機應用的 JavaScript framework。使用你既有的 JavaScript 知識與 React，就可以在 iOS 及 Android 上建立及發布原生全功能的手機應用程式。捨棄傳統手機應用開發方法，改用 React Native 有諸多好處，又不用犧牲原生外觀以及使用感受。

我們會從基礎開始，然後一路向建立一個完整成熟的應用前進，而且程式碼 100% 相容於 iOS 和 Android。除了介紹這個 framework 精華之外，我們會討論一些進階的題目，例如如何使用第三方函式庫，甚至寫自己的 Java 或 Objective-C 函式庫來擴展 React Native。

如果你在接觸手機應用前是軟體前端工程師或是網頁工程師，那這本書本正是為你量身訂作。React Native 是一個令人驚艷的工具，希望你和我一樣在學習過程中感受無比樂趣！

適用讀者

本書不是 React 的入門書，我們會假定讀者已經有一些 React 的經驗，如果你是第一次接觸 React，建議你先讀一到兩本入門書後再回來閱讀本書，才投入手機應用開發的行列。特別是你應該對於 props 和 state 的角色、元件生命周期和建立 React 元件感到熟悉。

我們也會使用一些新的 JavaScript 語法及 JSX。如果你對這些感到陌生，也不用擔心；我們會在第二章使用 JSX，以及附錄 A 中使用新的 JavaScript 語法，這些新功能可以 1:1 轉換成你已習慣的 JavaScript 程式碼。

雖然 React Native 還可以用來寫 Ubuntu、Windows 及 Linux 的應用程式，但這本書著重於使用 React Native 寫 iOS 與 Android 應用程式，只是為了要能寫出 iOS 應用程式，你必須在 macOS 上進行開發。

本書編排慣例

本書使用下列格式體裁：

斜體字（*Italic*）
　　代表新出現的術語、URL、電子郵件地址、檔案名稱，以及延伸檔名。

定寬字（`Constant width`）
　　用於表示程式碼，或文章段落中的程式組成元素，例如變數或函式名稱、資料庫、資料型別、環境變數、述句與關鍵字。

定寬粗體字（**`Constant width bold`**）
　　用於由讀者鍵入的命令或文字。

定寬斜體字（*`Constant width italic`*）
　　顯示應以使用者所提供的值取代或是由上下文所決定的文字。

此圖示代表小技巧或建議。

此圖示代表一般註解。

此圖示代表警告或注意事項。

使用程式碼範例

輔助教材（程式範例、練習題等）都可以在此處下載：*https://github.com/bonniee/ learning-react-native*。

本書存在的目的是協助你完成工作，一般來說，可以在你的程式或是文件中使用本書範例程式碼，不需要聯絡我們取得授權，除非你複製絕大部分的內容，例如販售或散佈 O'Reilly 圖書的範例。引用本書回答問題不需要取得授權，將本書大量範例程式使用在你產品的文件需要取得授權。

本書資源

單靠一己之力很危險！雖然這句話不盡然對，但也不表示一定要逞英雄，以下是閱讀本書過程中你可能會覺得有用的資源：

- 本書的 GitHub repository（*https://github.com/bonniee/learning-react-native*）包含所有的範例程式碼，如果你卡住了，或是想要參考更多內容，可以在此處找找看。

- 加入 LearningReactNative.com 的郵件討論串，可以讀到有興趣的文章、取得建議或是其他有用的資源。

- 官方文件（*https://facebook.github.io/react-native/*）裡有許多好的參考資料。

另外，React Native 相關社群也是很好的資源：

- Stack Overflow 網站上的 react-native tag（*http://bit.ly/react-native-so*）。

- Reactflux（*https://www.reactiflux.com/*）聊天群組中有很多核心貢獻者及協助人員。

- Freenode 上的 #reactnative（*irc.lc/freenode/reactnative*）。

致謝

依照傳統,我要先說的是::若不是有很多人的幫助,就不會有這本書。謝謝我的編輯 Meg Foley 及其他 O'Reilly 工作人員催生這本書。感謝我的技術顧問群花時間審視本書內容,並做出許多富有洞察力的建議:Ryan Hurley、Dave Benjamin、David Bieber、Jason Brown、Erica Portnoy 以及 Jonathan Stark。我還要感謝 React Native 的開發團隊,沒有你們自然就沒有這本書。也感謝 Zachary Elliott 幫忙做 Flashcard 應用程式,Android 測試及一路來的支援。

我還得感謝我的朋友和家人,他們在整個過程中忍受我,提供道德支援、指引,以及在情況必要時讓我適時的分心,謝謝你們。

第一章

什麼是 React Native ？

React Native 是一個 JavaScript framework，用來在 iOS 和 Android 上撰寫真實、原生的 App。它的基礎是 React，也是 Facebook 用來建立使用者介面的 JavaScript 函式庫，本來目標是做瀏覽器介面，後來變成手機平台。換句話說，它讓網頁開發者透過熟悉的 JavaScript 函式庫就可以寫出原生 App。而且，由於 React Native 大部分的程式碼都可在平台間分享，所以讓 Android 和 iOS 同時開發變得簡單了。

和 React 用在開發網頁時類似，React Native 應用程式是用 JavaScript 和 XML 風格標示語言 JSX 寫成。事實的真相是，React Native "橋接" Objective-C（iOS 上）或 Java（Andoird 上）原生 API。也就是說，你的應用程式會用真實的手機 UI 元件而不是 webview 進行 render，所以長相跟其他的 App 風格一致。React Native 應用程式可以存取像是手機相機或是使用者位置等平台功能。

雖然 React Native 開源專案的核心目標是用來寫 Android 和 iOS 上的 App，不過社群還實作了對 Windows（*https://github.com/Microsoft/react-native-windows*），Ubuntu（*https://github.com/CanonicalLtd/react-native*）、網頁（*https://github.com/necolas/react-native-web*），以及其他種平台的支援。

本書中，我們會用 React Native 建立 Android 和 iOS 上的應用程式，其中大部分的程式碼都會被寫成跨平台。

而且，你真的可以使用 React Native 建立線上手機應用，傳聞 Facebook（*http://bit.ly/1YipO7A*）、Airbnb（*http://bit.ly/2udVlOL*）、Walmart（*http://bit.ly/2vuFIXk*）和 Baidu（*http://bit.ly/2hzBtnr*）都已使用它來製作使用者應用程式。

React Native 的優勢

React Native 使用它所在平台的標準 API 做 render，這與目前既有大多數的跨方平應用開發方法有所不同，這些既有的跨平台方法像是 Cordova 或 Ionic。在用它們寫 App 時，要合併使用 JavaScript、HTML 和 CSS，render 時則透過 webview。雖然這些方法行得通，但同時也帶來壞處，特別是在效能上面的問題。另外，這些方法通常不能存取平台原生的 UI 元素。當這些方法試圖要模仿一個原生的 UI 元素時，結果總是感覺有點走調。再說，想在這些動畫似的東西底下一探究竟很困難，況且它們進版速度還很快。

相反地，React Native 是真的將你的 markup 轉為真實原生的 UI 元素，不管你是在哪個平台上，都用既存的方法進行畫面 render。而且，React 工作時會和主要的 UI 執行緒分離，所以你的應用程式不用為了跨平台而犧牲效能。React Native 更新的頻率和 React 一樣：當 props 或 state 變化時，React Native 才會進行畫面重新 render。而 React Native 和 React 間最大的差異在，React Native 是用目標平台的 UI 函式庫，而不是使用 HTML 及 CSS markup 語言。

對於已習慣用 React 開發網頁的開發者而言，你可以使用已熟悉的工具，開發效能和感受都與手機原生應用程式一致的 App。使用 React Native 開發和一般的開發相比，有兩個地方更進階了，就是開發者經驗與跨平台開發的潛力。

開發者經驗

如果你曾經做過手機應用開發，可能會覺得 React Native 怎麼這麼好用。開發 React Native 的那群人，將很多強大的開發者工具及清楚的錯誤訊息放進 framework 中，讓你在開發過程使用到的工具都是可靠的。

舉例來說，由於 React Native "只是" JavaScript，你並不需要重新建置應用程式才能看到你的修改；你可以像重新整理網頁一樣重新整理你的應用程式即可。所以花在等待應用程式建置的時間都是多餘的，React Native 的速度簡直是神的禮物。

另外，React Native 可讓你利用聰明除錯工具和錯誤報告，如果你已習慣使用 Chrome 或 Safari 的開發者工具（如圖 1-1），當你知道可以將這些用在 App 開發上面，應該會覺得開心吧！還有，你可以使用任何的文字編輯工作來編輯 JavaScript，React Native 並不強迫你一定要用 Xcode 開發 iOS 應用程式，或用 Android Studio 開發 Android 應用程式。

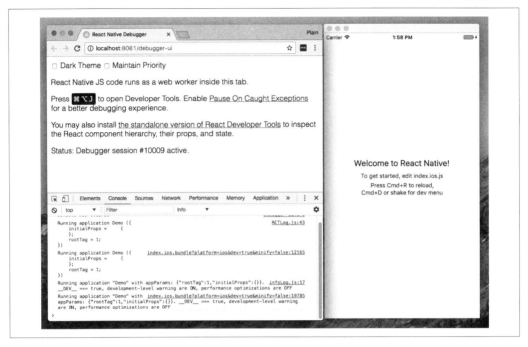

圖 1-1 使用 Chrome Debugger 除錯 React Native

開發者經驗的提昇除了以上那些每天都會碰到的情況之外，React Native 還有可能提昇你的產品生命周期。舉例來說，Apple 和 Google 都允許只上傳 JavaScript 的方法改變應用程式的行為，而不需要再重跑一次審查流程。這一點在 iOS 上特別重要，因為每次應用程式更新時，都要花上數天或數周的審查時間。

所以這些事情加起來，為你和你的同伴結省開發時間和精力，讓你能夠更專注在工作上真正有趣的部分，提昇更高的生產力。

程式碼再利用與知識分享

使用 React Native 可以大幅降低建立 App 所需的資源，任何會使用 React 開發者只要用同一套技術，可以將目標設定為網頁、iOS 或 Android。由於開發者不用再被不同平台綁住，所以他們的知識和資源也可以更有效率分享。

不止是知識可以跨平台，程式碼更可以跨平台。但也不是說你寫的程式碼全部都可以跨平台，依想執行的功能不同，也有可能會寫到一些 Objective-C 或是 Java 程式（我們會在第七章講到怎麼用原生模組）。不過 React Native 中跨平台程式碼的再利用出乎意料容易，舉例來說，Facebook 的 Android 版 Ads Manager 應用程式就和 iOS 版本分享了 87% 程式碼（*https://youtu.be/PAA9O4E1IM4*）。而本書最後會完成的 flashcard 應用程式，Android 版和 iOS 版本則是完全相同，這真不是其他工具可以做到的事！

風險與缺點

所有東西都一樣，有優點就會有缺點。使用 React Native 也不是沒有壞處，而 React Native 是否適合你的團隊使用，完全端看你們的情況而定。

由於 React Native 會為你的專案多加一層，所以可能會讓除錯變難，特別是在 React 和目標平台間的錯誤。我們會在第九章講述更多深入的除錯細節，並且說明一些常見的問題。

基於同一個原因，當目標平台有更新時——例如 Android 進階版，釋出新的 API 時，React Native 的支援也會延遲一些。不過，還好在大多數情況下，你可以自己實作缺少的 API，我們也會在第七章裡作更多說明。還有，如果你在過程中碰到路障，也不會因為使用 React Native 而變成孤兒——因為很多公司都用混合方法開發 App。

改變撰寫 App 的平台是一件需要慎重考慮的事情，不過我覺得你將會看到使用 React Native 的優點大於過缺點。

本章總結

React Native 是一個令人興奮的 framework，它讓網頁開發者使用既有的 JavaScript 知識，便可以建立穩定的 App。它讓 App 開發加快，並在 iOS、Andoird 和網頁三者可以有效率的共享程式碼，而不用犧牲使用者經驗和應用程式品質。而它的代價是會增加一些應用程式設定的複雜度，如果你的同伴可以克服那些複雜的事情，並想在一個平台開發跨平台的 App，那麼你就應該使用 React Native。

在下一章，我們要看一下 React Native 和網頁用的 React 主要的差異，還有幾個關鍵概念。如果你不想看，想直接開始看開發的部分，可以跳到第三章，在第三章我們會將開發環境設定好，並開始寫第一個 React Native 應用程式。

第二章

使用 React Native

在這一章，我們會談**橋接**，並看看 React Native 底層是如何運作的，然後是 React Native 的元件和網頁版有什麼不一樣，也會談到如果你想要建立或是修改手機用的元件，有什麼是必須知道的。

 如果你想直接看開發流程以及 React Native 是怎麼動作的，可以直接跳到第三章！

React Native 是如何運作的？

想到要用 JavaScript 寫 App 就覺得有點怪，要怎麼把 React 用在行動裝置環境呢？為了要瞭解 React Native 底層運作的方法，首先要看一下一個 React 的概念：Virtual DOM。

在 React 中，Virtual DOM 是介於開發者描述介面外觀及頁面顯示這兩者間的那一層。為了要在瀏覽器中 render 出互動的使用者介面，開發者必須編輯瀏覽器的 DOM（Document Object Model）。這一步成本非常高，而且若過度地寫入 DOM，對效能來說會大打拆扣。所以，與其直接把改變的東西都重新 render 在頁面上，React 的作法是在記憶體中計算出必要的改變，然後只將少部分必須改變的東西 render，圖 2-1 是這個動作的表示。

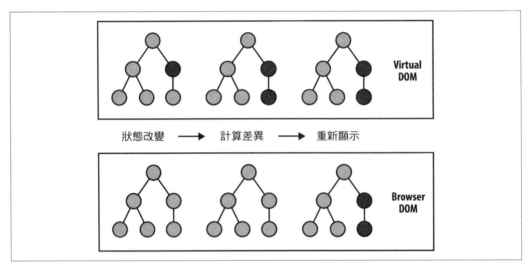

圖 2-1 在 VirtualDOM 中執行計算，減少瀏覽器 DOM 的 render

在網頁使用的 React 中，多數的開發者會把 Virtual DOM 想成是一個效能優化的方法。當然 Virtual DOM 具有提昇效能的好處，但實際上它真的價值是在抽像化的作用。放一個純抽像層在開發者程式碼和實際執行 render 的單位中間，產生了許多有趣的可能性。例如，假設 React 可以控制最後 render 的目標不是瀏覽器的 DOM 呢？畢竟 React 才是真的 "懂" 你的應用程式應該要長成怎樣的傢伙。

沒錯，這就是 React Native 運作的原理，如圖 2-2。如果不再 render 於瀏覽器的 DOM 上，React Native 改為呼叫 Objective-C 的 API 就可以 render 在 iOS 上，叫用 Java API 就可以 render 在 Android 上。這一點就是 React Native 和其他跨平台 App 開發工具的差異，其他的工具多是 render 在以網頁為基底的畫面上。

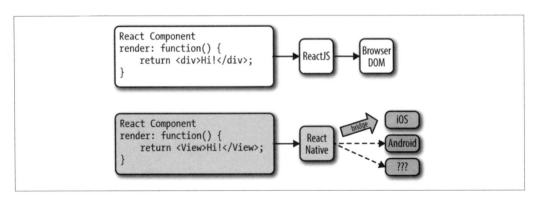

圖 2-2 React 可以 render 到不同目標平台上

由於有了一層橋接，所以這些都得以實現，橋接讓 React 可以使用目標平台原生的 UI 元件，React 元件從它們的 render 函式回傳 markup，markup 說明元件的長相。在網頁上使用 React 時，這些 markup 被直接翻譯為瀏覽器的 DOM，使用 React Native 時，這些 markup 翻譯的結果將適用於目標平台，像 <View> 可能翻成 iOS 所用的 UIView。

React Native 的核心支援 iOS 和 Android，由於其抽像層是由 Virtual DOM 構成，React Native 也可以適用於其他的平台——只要有人寫相關的橋接。舉例來說，就有社群是實作 React Native 對 Windows 的橋接（*https://github.com/Microsoft/react-native-windows*）及對 Ubuntu 的橋接（*https://github.com/CanonicalLtd/react-native*），你也可以將 React Native 橋接到桌面應用程式。

Render 的生命週期

如果你已習慣使用 React，則對 React 的生命週期應該不陌生。當 React 在瀏覽器上執行時，render 的生命週期從你的 React 元件被掛載（mount）開始（如圖 2-3）。

圖 2-3 React 掛載元件

然後 React 接手 render，以及在必要時重新 render 你的元件（如圖 2-4）。

圖 2-4 React 中 Render 元件

在 render 階段，開發者從 React 元件的 render 方法回傳 HTML markup，然後 React 就會直接在頁面需要時進行 render。

對 React Native 來說,生命週期是一樣的,只是因為 React Native 要依靠橋接,所以 render 程序有點小小不同。我們之前在圖 2-2 簡單看過橋接,橋接會轉換 JavaScript 呼叫,並呼叫目標平台底層的 API 以及 UI 元件(例如,可能是 Objective-C 或 Java 形式)。由於 React Native 並不在主要 UI 執行緒執行,所以它可以異步(asynchronous)進行那些呼叫而不會影響使用者體驗。

在 React Native 建立元件

所有 React 程式碼都以 React 元件型式存在,React Native 元件原則上和一般的 React 元件一樣,差在 render 和樣式上有所不同。

使用各種 View

為網頁編寫 React 時,你 render 的是一般的 HTML 元素(<div>、<p>、<span>、<a>,等等),而用 React Native 時上述的元素都會被目標平台的 React 元件 render(見表 2-1)。其中最基本的就是跨平台的 <View>,它是一個簡單又有彈性的 UI 元素,可以類比於 <div>。在 iOS 上,<View> 元件會被 render 成 UIView,而在 Android 上它會 render 成 View。

表 2-1 基本的 React 網頁元素和 React Native 比較表

React	React Native
<div>	<View>
<span>	<Text>
<li>,<ul>	<FlastList>,child items
<img>	<Image>

其他元件則隨各平台定義。舉例來說,<DatePickerIOS> 元件(很明顯地)render iOS 的標準日期選擇器(圖 2-5)。以下節錄 RNTester 範例程式,其中使用 iOS 的日期選擇器,和你想的一樣,它的用法很簡單:

```
<DatePickerIOS
  date={this.state.date}
  mode="time"
/>
```

圖 2-5 <DatePickerIOS> 元件，在 iOS 上用來做日期選擇

由於所有我們的 UI 元件已經不是像 <div> 那樣的基本 HTML 元件，而是 React 元件，所以你需要明確的引入每個你想用的元件。舉例來說，如果想引用 <DatePickerIOS> 就要：

```
import { DatePickerIOS } from "react-native";
```

React Native GitHub 專案中的 **RNTester** 應用（*https://github.com/facebook/react-native/tree/master/RNTester*），可以讓你看到所有支援的 UI 元件。個人鼓勵你在 **RNTester** 中將各種元件查看一輪，看看它們有哪些樣式選項和互動可用。

> 平台相依性的元件和 API 在文件中會有特別標注，通常在名稱裡也會使用該平台名為後贅——例如 <TabBarIOS> 及 <ToolbarAndroid>。

由於這類的元件在不同平台上就是不同的東西，所以在用 React Native 時，如何去架構你的 React 元件就變得很重要。用 React 寫網頁時，我們通常會將 React 元件混合使用：部分是管理邏輯以及相關從屬子元件，其他則用來 render 原始元件。如果你想把 React Native 程式碼做成可以重用，則維護不同元件間的獨立性就很重要。像 <DatePickerIOS> 元件很明顯就無法用在 Android 上，但封裝邏輯的元件就可以。將視覺化的元件獨立以後，就可以抽換不同的目標平台。你也可以為不同平台設計元件，例如你可以有 *picker.ios.js* 及 *picker.android.js* 檔，內容是同一個元件，只不過是依不同平台的實作分開存放。我們會在 138 頁的 "特定平台元件實作" 中討論更多相關內容。

使用 JSX

React Native 中和 React 一樣使用 JSX，將 markup 和用來控制介面的 JavaScript 寫在單一檔案中。由於對許多網頁開發者來說，用技術區分不同的檔案已經是一種共識了，例如 CSS、HTML 和 JavaScript 存在不同的檔案中。所以在 React 一開始出現時，將 markup、控制邏輯，甚至是樣式，都用同一種語言寫完的 JSX 受到很大的反彈。

取代以不同技術為分類，JSX 使用不同目的為分類，在 React Native 中更是如此。在沒有瀏覽器的世界中，為每個元件在單一檔案中規範樣式、markup 和行為，似乎更為合理。相對的，原來 .js 檔在 React Native 中就是 JSX 檔。如果你在網頁開發時，曾經在 React 中使用過純的 JavaScript，那你會想將它轉換為 React Native 中的 JSX 語法格式。

如果你以前沒看過 JSX 也不用擔心，因為它其實蠻簡單的，舉例來說，一個網頁用的純 JavaScript React 元件，可能長得如下面程式碼所示：

```
class HelloMessage extends React.Component {
  render() {
    return React.createElement(
      "div",
      null,
      "Hello ",
      this.props.name
    );
  }
}

ReactDOM.render(
  React.createElement(HelloMessage, { name: "Bonnie" }), mountNode);
```

如果用 JSX 進行 render 會更簡潔，不用再呼叫 React.createElement 並傳入一堆 HTML 參數，改用類似 XML 的 markup 即可：

```
class HelloMessage extends Component {
  render() {
    // 原來要呼叫 createElement，現在改為回傳 markup
    return <div>Hello {this.props.name}</div>;
  }
}

// 不再需要呼叫 createElement 了
ReactDOM.render(<HelloMessage name="Bonnie" />, mountNode);
```

上面的程式碼會在頁面上 render 出下面的 HTML：

```
<div>Hello Bonnie</div>
```

設定原生物件樣式

在作網頁開發時，我們會用 CSS 設計 React 元件的樣式，和做其他 HTML 元件時一樣。不管你喜不喜歡用，CSS 在網頁開發中是不可缺少的。React 通常不會影響 CSS 的撰寫方法，還能以 props 和 state 為基礎來動態建立類別名稱，但對於網頁上元件樣式著墨不多。

在非網頁平台上設定元件布局和樣式的方法非常多，幸好在使用 React Native 時，可以利用標準的方法設定樣式。在 React 和目標平台中的橋接部分，很大一塊就是在實作精簡版的 CSS 功能，這個簡化版的 CSS 主要依靠 flexbox 做 layout，並且著重在精簡，而不是實作完整的 CSS 規則。在網頁中 CSS 可以支援不同瀏覽器，但 React Native 則是將樣式規則強制統一。你可以在 RNTester（*https://github.com/facebook/react-native/tree/master/RNTester*）應用中看到許多不同 UI 元件的樣式設定，RNTester 應用是隨 React Native 發行的一個範例程式。

React Native 也支援以 JavaScript 物件形式存在的 inline 樣式設定。React 開發團隊在網頁應用開發中也使用一樣的方法。如果你之前在 React 中寫過這樣的 inline 樣式，則應該不會覺得陌生：

```
// 定義樣式 ...
const style = {
  backgroundColor: 'white',
  fontSize: '16px'
};

  // ... 套用它
  const txt = (
    <Text style={style}>
      A styled Text
    </Text>);
```

React Native 還提供一些用來建立延伸樣式物件的工具，這些工具讓操作 inline 樣式更容易，我們將會在第五章中說明。

看著 inline 樣式讓你感到有點彆扭嗎？如果你不曾開發網頁，看到這種用法的確是會不習慣。使用樣式物件而不是使用樣式清單（stylesheet），需要做一下心態調整，改變一下原來的樣式使用習慣。不過，在 React Native 中，這個轉換是好事。我們會在第五章討論樣式，若現在看到它們，只要不過度驚訝即可！

目標平台 API

將開發網頁的 React 和 React Native 對照一下，也許最大的差異，是在我們看待目標平台 API 的角度不同。在網頁開發時，我們操作的通常是各種片段不連續的技術；但大部分的瀏覽器在核心和功能上，還是大致相同的。但在使用 React Native 時，如果想要開發出好用又直捷的使用者經驗，此時目標平台的 API 就占了舉足輕重的地位。其中又有許多可著墨的選項，手機上的 API 包羅萬象，從儲存資料、地點服務到存取硬體（如相機）。而新式的平台又會有更多有趣的 API—例如把 React Native 用在虛擬實境頭盔上時，介面又要怎麼設計呢？

React Native 對 iOS 和 Android 的預設支援，包括了許多常用功能，還可以支援非同步原生 API。在本書後續的章節裡，會介紹許多這種非同步原生 API。React Native 讓目標平台的 API 用起來直捷又簡單，所以你可以自由體驗看看。重點是在腦中勾勒你的目標平台上用什麼、怎麼動作才對味。

不可避免的，React Native 並不會將目標平台的所有功能都橋接起來，如果你在未來發現需要用的功能尚未被支援時，可以自行將該功能加上去。也很有可能另外已經有人做好該功能了，所以記得上社群去查看一下。我們會在第七章談論更多這個主題。

在考慮程式碼重用時，也要注意到使用目標平台 API 的部分。會用到特定平台功能的 React 元件，其本身也有平台適用性問題。獨立封裝這些元件可以為你的應用程式增添使用彈性。當然，這個原則也同時適用於網頁開發：如果你想在 React Native 和 React 間共用程式碼，在設計時就要注意 DOM 這種東西在 React Native 中是不存在的。

本章總結

在手機上用 React Native 編寫元件和在網頁上用 React 編寫元件有點不同。雖然都是使用 JSX，但是基本構成的區塊從 HTML 元素（如 <div>）改為 <View> 元件。樣式的設定也有一定的差異，變成使用 CSS 的子集合及可使用 inline 語法設定樣式，雖然有所調整，但這些差異還算是好處理的。在下一章，將會實作我們的第一個應用程式！

第三章

建立第一個應用程式

在這一章，我們要將 React Native 的本地開發環境設定好，然後要建立一個簡單的應用程式，這個應用程式可以用在 iOS 和 Android 裝置上。

設定開發環境

把開發環境設定好以後，你就可以執行本書中的範例和撰寫你自己的應用程式了。

想把 React Native 的環境設定好有兩個方法。第一個是使用 Create React Native App，這個方法快又簡單，但只支援純 JavaScript 應用程式。第二種方法比較傳統，要安裝完整的 React Native 以及所有需要的套件。你可以把 Create React Native App 想成是用來測試程式雛形的一個捷徑。

附錄 C 中有如何從 Create React Native App 升級成完整 React Native 的方法。

你要選用哪個方法呢？基於學習與快速開發這兩個理由，我建議初學者使用 Create React Native App。

以後，如果你已熟悉使用 React Native 寫 app，或是想寫一個 JavaScript 和原生 Java、Objective-C 或 Swift 程式的混血 app，屆時就會想要安裝完整版的 React Native 開發者環境。

開發環境：CreateReact Native App

Create React Native App（*https://github.com/react-community/create-react-native-app*）
是一個命令列工具，它讓你可以快速建立和執行 React Native 應用程式，而不需要安裝
Xcode 或 Android Studio。

如果你想快速的準備好執行環境，使用 Create React Native App 是適當的選擇。

 Create React Native App 是個很棒的工具，但如前面提過，它只支援純
JavaScript 應用程式，在本章後面一點的章節，我們會談到如何整合 Java
或 Objective-C 寫的原生程式碼。不用擔心：如果現在使用 Create React
Native App，還是可以升級（"eject"）成完整版 React Native 專案。

讓我們從 npm 安裝 create-react-native-app 套件開始說起，React Native 使用 npm，npm
就是 Node.js 的套件管理器，用來管理 Node 的套件相依性。但 npm 不止管理 Node 套
件，它的註冊表中含有很多 JavaScript 的專案套件。

```
npm install -g create-react-native-app
```

使用 create-react-native-app 建立你的第一個應用程式

為了要用 Create React Native App 建立一個新的專案，你需要執行以下命令：譯註 1

```
create-react-native-app first-project
```

譯註 1： 請注意，在書本編輯時，當下新的 npm 是 5.x 版，但若使用 npm 5.x 版在安裝 create-react-native-app
套件時會產生問題，譯者改用 nvm 安裝 v7.10.1 node，裡面附帶的 npm 是 v4.2.0，安裝命令如下：

- 用 homebrew 安裝 nvm
  brew install nvm
- 用 nvm 安裝 node v7.10.0
  nvm install v7.10.0
- 看到 Now using node v7.10.1 (npm v4.2.0) 表示 npm 安裝完成
  若 npm start 時碰到錯誤訊息 "npm ERR! code ELIFECYCLE" 請參考：
  https://github.com/react-community/create-react-native-app/issues/533

這個動作會安裝一些必要的 JavaScript 套件，而且會為你的應用程式建立基礎樣版，你的專案目錄看起來會像：

```
.
├── App.js
├── App.test.js
├── README.md
├── app.json
├── node_modules
├── package.json
└── yarn.lock
```

這樣的樣版結構看起來很符合一個簡單的 JavaScript 專案，裡面有一個 *package.json* 檔案，內含專案和它相依套件的 metadata。*README.md* 檔裡面有執行專案的資訊，而 *App.test.js* 是簡單的測試檔案，你的程式碼則放在 *App.js* 中。要開始撰寫自己的應用程式，你應該從 *App.js* 下手。

我們將在 23 頁的 "建立一個天氣 App" 建立應用程式時，討論更多關於程式碼的細節。

在 iOS 或 Android 上預覽你的 App

太好了！現在你的應用程式已經可以執行了，用下面的命令執行你的應用程式：

```
cd first-project
npm start
```

你應該看到像圖 3-1 的畫面：

```
|8:49:59 PM: Starting packager...
Packager started!

To view your app with live reloading, point the Expo app to this QR code.
You'll find the QR scanner on the Projects tab of the app.
```

```
Or enter this address in the Expo app's search bar:

exp://192.168.0.2:19002

Your phone will need to be on the same local network as this computer.
```

圖 3-1　用 QR code 預覽一個 Create React Native App

為了要看見你的應用程式，你還得在 iOS 或 Android 裝置上，下載一個名為 Expo（*https://expo.io/*）的 app。裝好以後，將你裝置的照相機對準畫面上的二維碼，然後你的 React Native App 就會被載入。請注意，你的裝置和電腦必須要在同一個網路中，否則就不能互相通訊了。

恭禧！你的第一支 React Native 應用程式已建置完成，並在一個實際的裝置上執行了。

下一節中，我們將會說明如何準備傳統的完整 React Native 開發環境，如果你想直接開始寫程式，也可以直接跳到 19 頁 "查看範例程式"。

開發環境：傳統方法

可以在 React Native 官方文件（*http://facebook.github.io/react-native/*）中，找到如何安裝 React Native 以及相關套件的指引。

你可以在 Windows、macOS 或 Linux 上用 React Native 開發應用程式，不過如果是要開發 iOS 應用程式，就必須在 macOS 上進行開發。Linux 及 Windows 使用者仍可以使用 React Native 寫 Android 應用程式。

由於開發環境的設立指引會因 React Native 的版本及安裝作業系統不同而有所差異，所以在這裡不會一一說明，但基本上需要設置以下的項目：

- node.js
- React Native
- iOS 開發環境（Xcode）
- Android 開發環境（JDK、Android SDK 及 Android Studio）

如果你不想要同時安裝 iOS 和 Android 的兩個開發環境也沒關係，只要確認至少安裝好一種即可。

用 react-native 建立第一個應用程式

你可以使用 React Native 的命令列工具建立一個新的應用程式，請在命令列執行以下的工具：

```
npm install -g react-native-cli
```

現在我們可以從頭開始生成含 React Native、iOS 及 Android 的樣板，請執行：

```
react-native init FirstProject
```

產生出來的目錄結構應該如下所示：

```
.
├── __tests__
├── android
├── app.json
├── index.android.js
├── index.ios.js
├── ios
├── node_modules
├── package.json
└── yarn.lock
```

ios/ 和 *android/* 目錄下就是對應該平台的樣板程式，你的 React 程式碼會被存放在 *index.ios.js* 和 *index.android.js* 檔案中，這兩個檔案就是兩個平台對應的程式碼起始點，而被 npm 安裝的相關套件，一如往常會放在 *node_modules/* 目錄中。

在 iOS 上執行你的 App

若想在 iOS 上執行你的 app，要先進到剛才建好的專案目錄中，然後用以下命令執行 React Native 應用程式：譯註2

```
cd FirstProject
react-native run-ios
```

或是可以在 Xcode 中打開你的應用程式專案，從 iOS 模擬器中執行：

```
open ios/FirstProject.xcodeproj
```

你也可以使用 Xcode 把應用程式上傳到真實裝置進行測試，記得要準備好 Apple ID，這樣才行完成程式碼簽章。

若要進行程式碼簽章，請打開 Xcode 中 Project Navigator，並選擇你的主要目標，主要目標應該和你的專案同名稱。接著，選擇 General 分頁，在 Signing 選單中的 Team 下拉選單（如圖 3-2），選擇你的 Apple 開發者帳號，如果是設定 Tests 目標，就將前面的流程再做一次即可。

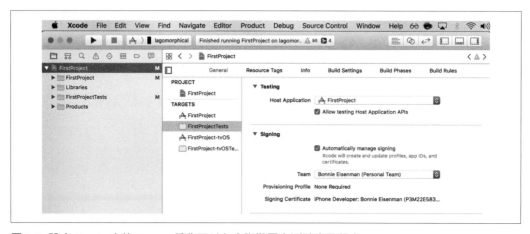

圖 3-2 設定 Xcode 中的 Team，讓你可以在實際裝置上測試應用程式

譯註2： 如果碰到錯誤訊息 xcrun: error: unable to find utility "instruments", not a developer tool or in PATH，請參考 *https://stackoverflow.com/questions/39778607/error-running-react-native-app-from-terminal-ios*。

如果你是首次在特定裝置上執行你的應用程式，Xcode 會提示請你登入你的 Apple 帳戶，並將你的裝置註冊為開發使用。

更多關於如何在真實 iOS 裝置上執行你應用程式的細節，可以參考 Apple 的官方文件（*http://apple.co/2gcjVhy*）。

請特別注意，你的 iOS 裝置和你的電腦必須在同一個網域中才能執行應用程式。

在 Android 上執行你的 App

為了要在 Android 上執行你的應用程式，必須要有一個完整功能的 Android 開發環境，包含 Android Studio 以及 Android SDK，可參考 Getting Started 文件（*https://facebook.github.io/react-native/docs/getting-started.html*）取得所有必要的套件清單。

想在 Android 上啟動你的 React Native 應用程式，請執行：[譯註 3]

```
react-native run-android
```

你也可以選擇在 Android Studio 中打開專案，然後建置並執行。

無論在 Android 模擬器或透過 USB 連接的實際裝置上，都可以執行你的應用程式。如果是在實際裝置上執行，需要在裝置上的開發者選項中打開 USB 除錯選項，更多細節請參考 Android Studio 文件（*https://developer.android.com/studio/debug/dev-options.html*）。

查看範例程式

剛才你已在裝置上成功執行預設的應用程式，現在讓我們看一下它是如何工作的。在這一節中，我們會進入預設應用程式原始碼中，並探索 React Native 專案中的組成架構。

如果你使用 Create React Native App，請打開 *App.js*（如範例 3-1）。如果你使用的是完整 React Native 專案，請打開 *index.ios.js* 或 *index.android.js*（如範例 3-2）。

譯註 3： 建立 Android 環境的過程中會碰到一些問題，比方 android SDK 版本、license agreement 以及模擬器要先跑起來等等，需要一點耐性解決。

範例 3-1　*Create React Native App 專案裡，App.js 中的啟動程式碼*

```
import React from "react";
import { StyleSheet, Text, View } from "react-native";

export default class App extends React.Component {
  render() {
    return (
      <View style={styles.container}>
        <Text>Hello, world!</Text>
      </View>
    );
  }
}

const styles = StyleSheet.create({
  container: {
    flex: 1,
    backgroundColor: "#fff",
    alignItems: "center",
    justifyContent: "center"
  }
});
```

範例 3-2　*完整 React Native 專案裡，index.ios.js 和 index.android.js 中的啟動程式碼*

```
import React, { Component } from 'react';
import {
  AppRegistry,
  StyleSheet,
  Text,
  View
} from 'react-native';

export default class FirstProject extends Component {
  render() {
    return (
      <View style={styles.container}>
        <Text style={styles.welcome}>
          Welcome to React Native!
        </Text>
        <Text style={styles.instructions}>
          To get started, edit index.ios.js
        </Text>
        <Text style={styles.instructions}>
          Press Cmd+R to reload,{'\n'}
          Cmd+D or shake for dev menu
        </Text>
```

```
      </View>
    );
  }
}

const styles = StyleSheet.create({
  container: {
    flex: 1,
    justifyContent: 'center',
    alignItems: 'center',
    backgroundColor: '#F5FCFF',
  },
  welcome: {
    fontSize: 20,
    textAlign: 'center',
    margin: 10,
  },
  instructions: {
    textAlign: 'center',
    color: '#333333',
    marginBottom: 5,
  },
});

AppRegistry.registerComponent('FirstProject', () => FirstProject);
```

不管你看的是哪一種，我們都來說明一下裡面做了什麼。

如你在範例 3-3 中所見，import 述句的用法和你原來所期待的網頁用 React 專案有些不同。

範例 *3-3 React Native 中引入 UI 元素*

```
import React, { Component } from "react";
import {
  StyleSheet,
  Text,
  View
} from "react-native";
```

程式碼一開始是如往常般引入 React，但它的下一句是做什麼的呢？

使用 React Native 時，必須明確指定引入想用的每一個原生模組。像 <div> 這樣的元素不會單純存在，你還需要指定引入如 <View> 及 <Text> 這樣的元件。另外像函式庫函式 Stylesheet 及 AppRegistry，也一樣要被明確指定引入。之後我們開始建立自己的應用程式時，會引入更多需要用到的 React Native 功能。

如果對這種語法感到陌生，可以看附錄 A 中的範例 A-4，該範例說明 ES6 的解構。

接著，讓我們看範例 3-4 中的元件，因為是原來的 React 元件，這邊看起來應該就不會感到陌生。主要的差異只有它使用 `<Text>` 和 `<View>` 元件取代 `<div>` 和 `<span>`，以及設定樣式物件的方法。

範例 3-4 *FirstProject 元件及樣式設定*

```
export default class FirstProject extends Component {
  render() {
    return (
      <View style={styles.container}>
        <Text style={styles.welcome}>
          Welcome to React Native!
        </Text>
        <Text style={styles.instructions}>
          To get started, edit index.ios.js
        </Text>
        <Text style={styles.instructions}>
          Press Cmd+R to reload,{'\n'}
          Cmd+D or shake for dev menu
        </Text>
      </View>
    );
  }
}

const styles = StyleSheet.create({
  container: {
    flex: 1,
    justifyContent: 'center',
    alignItems: 'center',
    backgroundColor: '#F5FCFF',
  },
  welcome: {
    fontSize: 20,
    textAlign: 'center',
    margin: 10,
  },
  instructions: {
    textAlign: 'center',
    color: '#333333',
    marginBottom: 5,
  },
});
```

如前面提過，React Native 中的所有樣式設定，都是由樣式物件而不是由樣式表
（stylesheet）決定。處理樣式的標準方法是使用 StyleSheet 函式庫，你可以看到樣式
物件在檔案尾端被定義。請注意，只有 `<Text>` 元件可以接受像是 `fontSize` 這樣的文字樣
式，所有的樣式邏輯都由 flexbox 負責。我們將在第五章使用 flexbox 建立畫面布局時討
論更多。

範例程式展現出你在建立 React Native 時所需要的基本功能。它內含 React 元件的
render 動作，也呈現出基本的樣式設定與 React Native 的 render。我們也已有一個簡單
的方法來測試開發環境並能試圖在實際裝置上運作。不過，這樣的範例還是太基本，沒
有任何的使用者互動，所以現在讓我們來建立一個具更多功能的應用程式吧！

建立一個天氣 App

在這個小節中，我們會用範例程式製作一個天氣 app，過程中會看到如何使將樣式表
（stylesheet）、flexbox、網路通訊、使用者輸入以及照片放進一個實用的 app 中，然後
在 Android 或 iOS 上執行這個天氣 app。

這個小節不會把細節說得太清楚，因為目的是提供一個整體的概觀，天氣 app 會在未來
的章節內容中一直被當作功能說明的參考範例，所以如果覺得現在講太快，也不用太
擔心！

如圖 3-3，最後的應用程式會有一個文字欄位，用來接收使用者輸入的郵遞區號，程式
取得使用者輸入的郵遞區號送到 OpenWeatherMap API，取得目前天氣資訊並顯示。

圖 3-3 完成的天氣 app

我們要做的第一件事是將範例 app 中的預設元件換位置，把它改為指到我們自己 *WeatherProject.js* 中。

如果你用的是完整 React Native 專案，將需要把 *index.ios.js* 和 *index.android.js* 內容中的指定位置換掉，如範例 3-5。

範例 *3-5* 簡化過的 *index.ios.js* 和 *index.android.js* 內容（兩個檔案內容應該是一樣的）

```
import { AppRegistry } from "react-native";
import WeatherProject from "./WeatherProject";
AppRegistry.registerComponent("WeatherProject", () => WeatherProject);
```

同樣的，如果你用的是 Create React Native App 的 React Native 專案，則你要改的東西會是 *App.js* 的內容，如範例 3-6。

範例 *3-6 Create React Native App* 所使用 *App.js* 內容（簡化過）

```
import WeatherProject from "./WeatherProject";
export default WeatherProject;
```

處理使用者輸入

我們想讓使用者可以輸入郵遞區號，並得到該地區的天氣資料，所以需要做一個可輸入的文字欄位，把郵遞區號資訊加到元件的初始設定中（如範例 3-7）：

範例 *3-7* 在執行 *render* 函式前，將郵遞區號資訊加到你的元件中

```
constructor(props) {
  super(props);
  this.state = { zip: "" };
}
```

如果你已習慣使用 React.createClass()，而不是使用 JavaScript 來建立元件，看到這段程式碼可能會感到有點怪。當建立元件類別時，會在 constructor 方法中用 this.state 變數來設定 React 元件初始的 state 值，如果你需要復習一下 React 元件的生命週期，請看 React 的文件（*https://facebook.github.io/react/docs/react-component.html*）。

接著，我們要用一個 <Text> 元件來顯示 this.state.zip 的值，如範例 3-8：

範例 *3-8* 加入一個 <*Text*> 元件來顯示目前的郵遞區號

```
<Text style={styles.welcome}>
  You input {this.state.zip}.
</Text>
```

加好了以後，讓我們再加一個 <TextInput> 元件（如圖 3-9），這是一個讓使用者可以輸入文字的基本元件。

範例 *3-9* 加入一個 <*TextInput*> 元件讓使用者輸入文字

```
<TextInput
  style={styles.input}
  onSubmitEditing={this._handleTextChange}/>
```

<TextInput> 元件及它的屬性在 React Native 文件（*http://facebook.github.io/react-native/docs/textinput.html#content*）中可以查到，你也可以另外傳一個回呼函式給 <TextInput>，用來監聽其他如 onChange 或 onFocus 事件等，不過我們現在還用不上就是了。

請注意，前面幫 `<TextInput>` 設定了簡單的樣式，所以要將輸入樣式加到你的樣式表中：

```
const styles = StyleSheet.create({
  ...
  input: {
    fontSize: 20,
    borderWidth: 2,
    height: 40
    }
  ...
});
```

我們前面傳給 onSubmitEditing 屬性的回呼函式，也應該要被加入該元件的函式，如範例 3-10：

範例 3-10 為 *<TextInput>* 元件準備的 *handleText* 回呼函式

```
_handleTextChange = event => {
  this.setState({zip: event.nativeEvent.text})
}
```

藉由胖箭頭語法，將回呼函式和元件實例綁定，React 雖然會將像 render 這樣的生命週期方法作自動綁定，但其他的方法就需要我們自己留心綁定問題，胖箭頭的功能在範例 A-8 中說明。

還要更新 import 述句，如範例 3-11 所示：

範例 3-11 在 *React Native* 中引入 *UI* 元素

```
import {
  ...
  TextInput
  ...
} from "react-native;
```

現在可以在 iOS 模擬器或是 Android 模擬器中試跑看看你的應用程式，它現在長得不是太漂亮，但還是可以成功地送出郵遞區號，並看到它出現在 `<Text>` 元件中。

如果想要，可以在此處加入一些輸入驗證程式碼，以確保使用者輸入的是五位數的數字，不過現在先跳過。

範例 3-12 是 *WeatherProject.js* 元件到目前所有的程式碼。

範例 *3-12* 可以接收並記錄使用者輸入的 *WeatherProject.js* 版本

```javascript
import React, { Component } from "react";

import { StyleSheet, Text, View, TextInput } from "react-native";

class WeatherProject extends Component {
  constructor(props) {
    super(props);
    this.state = { zip: "" };
  }

  _handleTextChange = event => {
    this.setState({ zip: event.nativeEvent.text });
  };

  render() {
    return (
      <View style={styles.container}>
        <Text style={styles.welcome}>
          You input {this.state.zip}.
        </Text>
        <TextInput
          style={styles.input}
          onSubmitEditing={this._handleTextChange}
        />
      </View>
    );
  }
}

const styles = StyleSheet.create({
  container: {
    flex: 1,
    justifyContent: "center",
    alignItems: "center",
    backgroundColor: "#F5FCFF"
  },
  welcome: { fontSize: 20, textAlign: "center", margin: 10 },
  input: {
    fontSize: 20,
    borderWidth: 2,
    padding: 2,
    height: 40,
    width: 100,
    textAlign: "center"
```

```
  }
});

export default WeatherProject;
```

顯示資料

現在要做的是依郵遞區號顯示天氣資料，從加入一些假數據到 *WeatherProject.js* 中的初始設定開始：

```
constructor(props) {
  super(props);
  this.state = { zip: "", forecast: null };
}
```

為了乾淨起見，讓我們把顯示天氣的部分拉到另外一個元件，建一個叫做 *Forecast.js* 的新檔（如範例 3-13）：

範例 *3-13 Forecast.js* 中的 *<Forecast>* 元件

```
import React, { Component } from "react";

import { StyleSheet, Text, View } from "react-native";

class Forecast extends Component {
  render() {
    return (
      <View style={styles.container}>
        <Text style={styles.bigText}>
          {this.props.main}
        </Text>
        <Text style={styles.mainText}>
          Current conditions: {this.props.description}
        </Text>
        <Text style={styles.bigText}>
          {this.props.temp}° F
        </Text>
      </View>
    );
  }
}

const styles = StyleSheet.create({
  container: { height: 130 },
  bigText: {
    flex: 2,
```

```
      fontSize: 20,
      textAlign: "center",
      margin: 10,
      color: "#FFFFFF"
    },
    mainText: { flex: 1, fontSize: 16, textAlign: "center", color: "#FFFFFF" }
  });

  export default Forecast;
```

<Forecast> 元件只會 render 一些它的 <Text> 類屬性，在檔案的尾端還加了一些簡單的樣式設定，比方說設定文字色彩。

引入 <Forecast> 元件，並將它加入你 app 的 render 方法中，用 this.state.forecast 傳遞它的屬性（如範例 3-14），我們之後再回來處理它的布局和樣式，<Forecast> 元件最後會在圖 3-4 中呈現出來。

範例 3-14 *WeatherProject.js* 內容，更新 *Forecast* 元件相關程式

```
  import React, { Component } from "react";

  import { StyleSheet, Text, View, TextInput } from "react-native";
  import Forecast from "./Forecast";

  class WeatherProject extends Component {
    constructor(props) {
      super(props);
      this.state = { zip: "", forecast: null };
    }

    _handleTextChange = event => {
      this.setState({ zip: event.nativeEvent.text });
    };

    render() {
      let content = null;
      if (this.state.forecast !== null) {
        content = (
          <Forecast
            main={this.state.forecast.main}
            description={this.state.forecast.description}
            temp={this.state.forecast.temp}
          />
        );
      }
```

```
    return (
      <View style={styles.container}>
        <Text style={styles.welcome}>
          You input {this.state.zip}.
        </Text>
        {content}
        <TextInput
          style={styles.input}
          onSubmitEditing={this._handleTextChange}
        />
      </View>
    );
  }
}

const styles = StyleSheet.create({
  container: {
    flex: 1,
    justifyContent: "center",
    alignItems: "center",
    backgroundColor: "#F5FCFF"
  },
  welcome: { fontSize: 20, textAlign: "center", margin: 10 },
  input: {
    fontSize: 20,
    borderWidth: 2,
    padding: 2,
    height: 40,
    width: 100,
    textAlign: "center"
  }
});

export default WeatherProject;
```

礙於現在還沒有真的天氣資料,所以看不到任何顯示。

從網站上抓取資料

接下來,要使用 React Native 的網路 API。你不需要在手機上用 JQuery 傳送 AJAX request,React Native 實作了 FetchAPI。它的語法以 Promise 為基礎,如範例 3-15 所示,相當的簡單。

範例 3-15 使用 React Native 的 Fetch API

```
fetch('http://www.somesite.com')
  .then((response) => response.text())
  .then((responseText) => {
    console.log(responseText);
  });
```

如果對於 Promise 不熟，可以參考 219 頁的 "使用 Promise"。

我們將要使用 OpenWeatherMap API，這種 API 提供一個簡單的端點，讓我們取回給定郵遞區號地區的天氣情況。*open_weather_map.js* 中有一個小的函式庫，讓我們可以使用這組 API，如範例 3-16。

範例 3-16 src/weather/open_weather_map.js 中的 OpenWeatherMap 函式庫

```
const WEATHER_API_KEY = "bbeb34ebf60ad50f7893e7440a1e2b0b";
const API_STEM = "http://api.openweathermap.org/data/2.5/weather?";

function zipUrl(zip) {
  return `${API_STEM}q=${zip}&units=imperial&APPID=${WEATHER_API_KEY}`;
}
function fetchForecast(zip) {
  return fetch(zipUrl(zip))
    .then(response => response.json())
    .then(responseJSON => {
      return {
        main: responseJSON.weather[0].main,
        description: responseJSON.weather[0].description,
        temp: responseJSON.main.temp
      };
    })
    .catch(error => {
      console.error(error);
    });
}

export default { fetchForecast: fetchForecast };
```

現在引入它：

```
import OpenWeatherMap from "./open_weather_map";
```

將指定給 <TextInput> 元件的回呼函式改為使用 OpenWeatherMap API，如範例 3-17。

範例 *3-17 透過 OpenWeatherMap API 取得資料*

```
_handleTextChange = event => {
  let zip = event.nativeEvent.text;
  OpenWeatherMap.fetchForecast(zip).then(forecast => {
    console.log(forecast);
    this.setState({ forecast: forecast });
  });
};
```

為了之後能有完整的檢查資訊，在這裡將天氣資料記錄下來十分有用，可以參考 145 頁的 "利用 console.log 進行除錯"，裡面有如何查看終端機輸出的詳細說明。

最後，需要進行樣式更新，這樣才能看到天氣資料被 render 出來：

```
container: {
  flex: 1,
  justifyContent: "center",
  alignItems: "center",
  backgroundColor: "#666666"
}
```

現在，當你輸入完郵遞區號後，應該就可以看到實際的天氣資料（圖 3-4）。

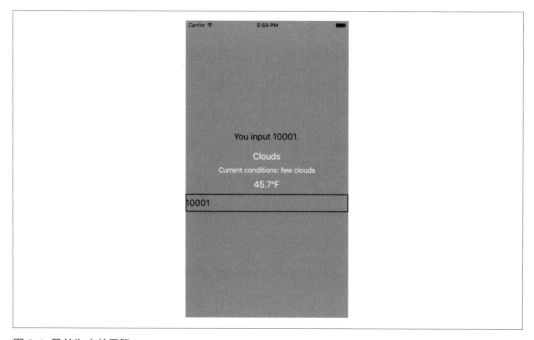

圖 3-4　目前為止的天氣 app

WeatherProject.js 目前的程式碼如範例 3-18。

範例 *3-18 WeatherProject.js*：現在有真的資料了！

```
import React, { Component } from "react";

import { StyleSheet, Text, View, TextInput } from "react-native";
import OpenWeatherMap from "./open_weather_map";
import Forecast from "./Forecast";

class WeatherProject extends Component {
  constructor(props) {
    super(props);
    this.state = { zip: "", forecast: null };
  }

  _handleTextChange = event => {
    let zip = event.nativeEvent.text;
    OpenWeatherMap.fetchForecast(zip).then(forecast => {
      this.setState({ forecast: forecast });
    });
  };

  render() {
    let content = null;
    if (this.state.forecast !== null) {
      content = (
        <Forecast
          main={this.state.forecast.main}
          description={this.state.forecast.description}
          temp={this.state.forecast.temp}
        />
      );
    }

    return (
      <View style={styles.container}>
        <Text style={styles.welcome}>
          You input {this.state.zip}.
        </Text>
        {content}
        <TextInput
          style={styles.input}
          onSubmitEditing={this._handleTextChange}
        />
      </View>
    );
  }
```

```
  }

const styles = StyleSheet.create({
  container: {
    flex: 1,
    justifyContent: "center",
    alignItems: "center",
    backgroundColor: "#666666"
  },
  welcome: { fontSize: 20, textAlign: "center", margin: 10 },
  input: {
    fontSize: 20,
    borderWidth: 2,
    padding: 2,
    height: 40,
    width: 100,
    textAlign: "center"
  }
});

export default WeatherProject;
```

加入背景圖

純色背景看起來蠻無聊的，把它改成搭配我們天氣資料的背景圖片吧！

使用圖片資產的方法和其他程式碼資產差不多：你可以用 require 呼叫來代入它們。我們將要使用一個叫 *flowers.png* 的檔案作為背景圖片，所以代入的方法如下：

```
<Image source={require('./flowers.png')}/>
```

這個圖片檔案可以在 GitHub repository 取得（*https://github.com/bonniee/learning-react-native/blob/2.0.0/src/weather/flowers.png*）。

和 JavaScript 資產一樣，如果你有 *flowers.ios.png* 以及 *flowers.android.png* 兩個檔案，則 React Native 套件管理會依平台不同，分別載入適當的影像。另外，如果為不同影像指定 @2x 和 @3x 的後贅名稱，也會依當時畫面解析度載入適當大小的影像，所以我們可以將專案目錄建構成類似：

```
.
├── flowers.png
├── flowers@2x.png
├── flowers@3x.png
...
```

要為 `<View>` 加入背影圖，不需要像寫網頁時一樣，在 `<div>` 中設定 background 屬性，而是使用一個 `<Image>` 元件當作容器：

```
<Image source={require('./flowers.png')}
       resizeMode='cover'
       style={styles.backdrop}>
  // 你要顯示的內容
</Image>
```

要填好 `<Image>` 元件的 source 屬性，值和我們在 require 中指定的一樣。

別忘了指定 flexDirection 樣式，它的子項才會像我們想要的那樣 render：

```
backdrop: {
  flex: 1,
  flexDirection: 'column'
}
```

現在來為 `<Image>` 元件加一點子項，請將 `<WeatherProject>` 元件中的 render 方法改為回傳以下內容：

```
<View style={styles.container}>
  <Image
    source={require("./flowers.png")}
    resizeMode="cover"
    style={styles.backdrop}>
    <View style={styles.overlay}>
      <View style={styles.row}>
        <Text style={styles.mainText}>
          Current weather for
        </Text>
        <View style={styles.zipContainer}>
          <TextInput
            style={[styles.zipCode, styles.mainText]}
            onSubmitEditing={event => this._handleTextChange(event)}
          />
        </View>
      </View>
      {content}
    </View>
  </Image>
</View>
```

你看到我加了一些之前沒用到的樣式，例如 row、overlay、zipContainer 以及 zipCode，你可以到範例 3-19 中看到完整的樣式表設定。

全部合體

為完成最後版本的天氣 app，我已將 `<WeatherProject>` 元件的 render 方法修改完成並加上樣式，主要的變化在畫面布局，結果如圖 3-5：

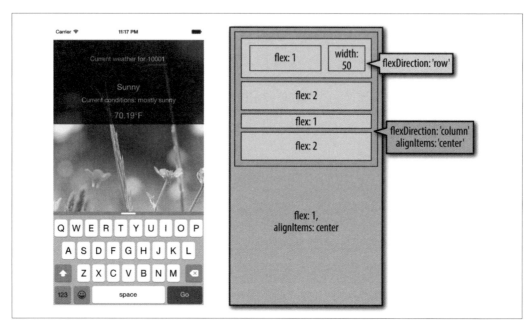

圖 3-5 最後的天氣 app 長相

準備好要一窺全貌了嗎？範例 3-19 就是 `<WeatherProject>` 元件包括樣式表最後完整的程式碼。`<Forecast>` 元件的內容則和前面範例 3-13 一樣。

範例 3-19 `<WeatherProject>` 完整程式碼

```
import React, { Component } from "react";

import { StyleSheet, Text, View, TextInput, Image } from "react-native";

import Forecast from "./Forecast";
import OpenWeatherMap from "./open_weather_map";

class WeatherProject extends Component {
  constructor(props) {
    super(props);
    this.state = { zip: "", forecast: null };
  }
```

```
_handleTextChange = event => {
  let zip = event.nativeEvent.text;
  OpenWeatherMap.fetchForecast(zip).then(forecast => {
    this.setState({ forecast: forecast });
  });
};

render() {
  let content = null;
  if (this.state.forecast !== null) {
    content = (
      <Forecast
        main={this.state.forecast.main}
        description={this.state.forecast.description}
        temp={this.state.forecast.temp}
      />
    );
  }
  return (
    <View style={styles.container}>
      <Image
        source={require("./flowers.png")}
        resizeMode="cover"
        style={styles.backdrop}
      >
        <View style={styles.overlay}>
          <View style={styles.row}>
            <Text style={styles.mainText}>
              Current weather for
            </Text>
            <View style={styles.zipContainer}>
              <TextInput
                style={[styles.zipCode, styles.mainText]}
                onSubmitEditing={this._handleTextChange}
                underlineColorAndroid="transparent"
              />
            </View>
          </View>
          {content}
        </View>
      </Image>
    </View>
  );
}
}
```

```
const baseFontSize = 16;

const styles = StyleSheet.create({
  container: { flex: 1, alignItems: "center", paddingTop: 30 },
  backdrop: { flex: 1, flexDirection: "column" },
  overlay: {
    paddingTop: 5,
    backgroundColor: "#000000",
    opacity: 0.5,
    flexDirection: "column",
    alignItems: "center"
  },
  row: {
    flexDirection: "row",
    flexWrap: "nowrap",
    alignItems: "flex-start",
    padding: 30
  },
  zipContainer: {
    height: baseFontSize + 10,
    borderBottomColor: "#DDDDDD",
    borderBottomWidth: 1,
    marginLeft: 5,
    marginTop: 3
  },
  zipCode: { flex: 1, flexBasis: 1, width: 50, height: baseFontSize },
  mainText: { fontSize: baseFontSize, color: "#FFFFFF" }
});

export default WeatherProject;
```

做完了，請試著執行應用程式，不論是在 Android 以及 iOS 上，模擬器或實際裝置上都可以執行，這應該可以滿足絕大部分的需求了。

你可以到 GitHub repository（*https://github.com/bonniee/learning-react-native/tree/2.0.0/src/weather*）上取得完整的程式。

本章總結

這是我們第一支完整的應用程式，其實已經講了一堆的基本概念，包括使用新的 UI 元件 `<TextInput>`，以及學習如何用它來取得使用者的輸入。另外介紹了 React Native 如何實作基本的樣式設定，以及在應用程式中如何使用影像與引入資產。最後還學了如何使用 React Native 的網路 API，用它取得外部網站的資料。以第一個應用程式來說，這些功能其實還不賴！

希望這章展現了使用 React Native 後，你可以在手機上駕輕就熟地，快速建好一個具有實用功能的應用程式。

如果你想要擴展這支應用程式的功能，以下是幾個方向：

* 依天氣狀況不同，顯示更多不同影像
* 驗證檢查郵遞區號的欄位正確性
* 在輸入郵遞區號時，改用更適當的鍵盤
* 顯示 5 天的天氣預測資訊

之後我們會談到更多功能，例如地理位置資訊，你就可以為天氣 app 加入更多功能囉！

當然，這章只是快速的帶過，在之後的幾個章節，我們會專注在深入理解 React Native 並學習怎麼使用更多的功能。

第四章

行動裝置用的元件

在第三章中，我們製做了一個天氣 app，在過程中使用了 React Native 的基本介面。在本章，我們要更仔細的使用 React Native 手機用的元件，並將它們與 HTML 元件作比較。手機介面和網頁用的原始 UI 元素不一樣，所以我們要做用不一樣的元件。

這一章會對最基本的元件作更詳細的介紹，例如：<View>、<Image> 及 <Text>。然後我們會討論如何使用高階的觸控和手勢元件，例如 tab bar、navigator 及 list，這些元件可以整合其他的 view 進入標準手機介面。

HTML 元素和 Native 元件的對照

在開發網頁時，我們通常會使用多樣基本的 HTML 元素，這些元素包括 <div>、<span> 及 <img>，以及用來組織的元素如 <ol>、<ul> 及 <table>。（還有如 <audio>、<svg> 及 <sanvas> 等元素，不過現在還暫時不討論。）

在使用 React Native 時，我們不再使用這些 HTML 元素，但改用類似概念的多樣元件取代（表 4-1）。

表 4-1 與 HTML 概念相似的 Native 元件對照

React	React Native
div	<View>
img	<Image>
span, p	<Text>
ul/ol, li	<FlatList>, child items

雖然這些元素是用來做差不多的功能，但它們之間不能互換使用。讓我們看看 React Native 如何在行動裝置上使用這些元件，而它們用在網頁上時的差異又是什麼。

可以在 React Native 和網頁 App 間共用程式碼嗎？

可以，但這不是先天就支援的功能，React Native 支援在 Android 和 iOS 上進行 render。如果你想要透過 React Native 來 render 相容於網頁的 view，請查看 react-native-web（ *https://github.com/necolas/react-native-web* ）。

其中你自有的部分，任何 JavaScript 程式碼—包括 React 元件等，只要不是用來 render 基礎元素的都可以共用，所以只要你將程式邏輯與 render 的程式碼拆開，邏輯的部分是可以共用的。

<Text> 元件

render 文字是看似最基本的功能了，幾乎任何的應用程式都會需要在某處 render 文字。不過，用 React Native 開發行動裝置以及在網上 render 文字是不一樣的。

當在 HTML 中使用文字時，你可以在多種元素中引入純文字字串。而且，你還可以用像是 <strong> 和 <em> 這種子標籤（tag）來設定樣式，所以你的某段 HTML 程式碼可能如下所示：

```
<p>The quick <em>brown</em> fox jumped over the lazy <strong>dog</strong>.</p>
```

在 React Native 中，只有 <Text> 元件可以有純文字的子項，所以不可以這樣用：

```
<View>
  Text doesn't go here!
</View>
```

應該要用 <Text> 元件包裝過。

```
<View>
  <Text>This is OK!</Text>
</View>
```

在 React Native 中使用 <Text> 元件時，你不再需要存取像 <strong> 和 <em> 這種子標籤，藉由設定 fontWeight 及 fontStyle 來套用樣式，以達成差不多的效果，就像：

```
<Text>
  The quick <Text style={{fontStyle: "italic"}}>brown</Text> fox
  jumped over the lazy <Text style={{fontWeight: "bold"}}>dog</Text>.
</Text>
```

這種寫法很快就會讓程式碼變得冗長，你馬上就會想要建立樣式元件，未來在處理文字時馬上可以套用，如範例 4-1。

範例 4-1 建立可重用的文字樣式元件

```
const styles = StyleSheet.create({
  bold: {
      fontWeight: "bold"
  },
  italic: {
      fontStyle: "italic"
  }
});

class Strong extends Component {
  render() {
    return (
    <Text style={styles.bold}>
      {this.props.children}
    </Text>);
  }
}

class Em extends Component {
  render() {
    return (
    <Text style={styles.italic}>
      {this.props.children}
    </Text>);
  }
}
```

一旦你宣告了這些樣式元件，就可以自由的套上樣式，現在 React Native 版的樣式使用就和 HTML 版看起來很像了（見範例 4-2）。

範例 4-2 render 文字用的樣式元件

```
<Text>
  The quick <Em>brown</Em> fox jumped
  over the lazy <Strong>dog</Strong>.
</Text>
```

同樣地，React Native 並不會繼承任何關標頭元素（h1、h2 等）的概念，但你若是想宣告自有樣式的 <Text> 元件也很容易。

一般來說，在處理樣式過的文字時，React Native 強迫改變你的方法，樣式繼承是限定的，所以你在樹中的所有節點都會失去預設字型。React Native 文件建議使用樣式元件來解決這個問題：

> 所以你在樹中的所有節點都會失去原來的預設字型，如果想要你的應用程式中使用一致的字型和大小，建議建立 MyAppText 元件，這個元件包括想用的字型和大小，並且在你的應用程式中使用 MyAppText 元件。你也可以利用這個元件來製作別種文字樣式，像是 MyAppHeaderText。

<Text> 元件的文件（*http://bit.ly/1SVQxU3*）內有更多說明。

你大概注意到了：比起樣式繼承或重用，React Native 更是建議使用樣式元件。雖然在開始時要花比較多時間，但這個方法最後使程式碼比較乾淨，所以不管在應用程式中哪裡使用，都可以得到一樣的結果，也就是讓應用程式中的樣式比較好維護。我們將會在下一章進一步討論這個方法。

<Image> 元件

若說應用程式中最基本的元素是文字，在行動裝置和網頁裡的影像也有差不多的地位。當為網頁撰寫 HTML 和 CSS 時，我們會用多種方法引用影像：有時用 <img> 標籤，有時使用 CSS 取得影像，例如使用 background-image 屬性。在 React Native 中，也有類似的 <Image> 元件，只是行為稍有一點差異而已。

<Image> 元件基本的用法很直捷；只要設定好 source 屬性即可：

```
<Image source={require("./puppies.png")} />
```

指定的影像路徑和 JavaScript 模組路徑是一樣的，所以在前面的範例中 *puppies.png* 就必須存在使用它的元件所在的檔案路徑中。

這裡也適用於自動選取適用平台檔案的原則，如果你同時有 *puppies.ios.png* 及 *puppies.android.png*，就會依當時目標平台自動選擇。同樣地，如果你提供後贅檔名 *@2x* 以及 *@3x* 的檔案，則 React Native 套件依解析度自動選用適當的影像檔。

也可以指定從網頁路徑取得影像，而不使用應用程式資產，例如：

```
<Image source={{uri: "https://facebook.github.io/react/img/logo_og.png"}}
       style={{width: 400, height: 400}} />
```

當指定使用網路影像時，你必須手動指定大小。

透過網路下載影像比使用本地資產多了一點優勢。舉例來說，在開發時期若想做個雛形，使用網路影像比把資產準備好來得容易。另外也有減少手機應用程式體積的好處，使用者不用下載所有要用到的資產。不過，這也代表在未來必須要仰賴別人的資源，所以大多數時候，你應該不會想使用這種使用影像 URI 的方法。

如果你想知道怎麼使用使用者自己的影像，我們將會在第六章討論如何使用照相機照片。

由於 React Native 著重在使用元件，所以影像也要被 <Image> 元件引用，而不能透過樣式。舉例來說，第三章中想要在應用程式使用一張影像當作背景，在純 HTML 和 CSS 會使用 background-image 屬性來指定背景，而在 React Native 就要改用 <Image> 元件當作容器，像是：

```
<Image source={require("./puppies.png")}>
  {/* Your content here... */}
</Image>
```

指定影像的樣式也很直捷，除了指定樣式之外，你也會使用一些屬性來控制影像顯示，通常會使用 resizeMode 屬性，可以設定為 contain、cover 或是 stretch 等，UIExplorer App 是表現這些屬性的好例子（如圖 4-1）。

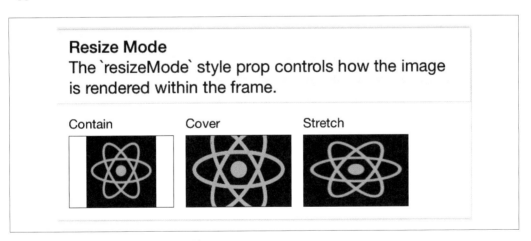

圖 4-1 stretch、cover 和 contain 的差異

<Image> 元件在使用上很有彈性，你在開發自己的應用程式時，應該會拿來做更多用途。

使用觸控和手勢

網頁介面通常被設計成適合滑鼠控制，會使用懸停狀態來代表該處可以互動，或是回應使用者動作。但在行動裝置上，則是使用觸控。你會依照行動平台的互動規範來設計應用程式。不過視平台不同，互動有差異：iOS 的行為就和 Android 不同，也和 Windows 手機差很多。

React Native 提供一堆 API，讓你可以用來建立適用觸控的介面。在這一節中，我們會用到 `<Button>` 元件和 `<TouchableHighlight>` 容器元件，還有讓你直接存取觸控事件的底層 API。

用 <Button> 建立基本的互動

如果你是新手，想從基礎開始做互動按鈕，那麼預設的 `<Button>` 元件就是你該用的。它提供了一個簡單的 API，讓你設定它的色彩、標題及回呼函式。

```
<Button
  onPress={this._onPress}
  title="Press me"
  color="#841584"
  accessibilityLabel="Press this button"
/>
```

`<Button>` 元件是一個很好的起點，但你以後可能會想要建立自己的互動元件，這種情況下，就要使用 `<TouchableHighlight>` 了。

使用 <TouchableHighlight>

任何能回應使用者觸控的介面元素（按鈕、控制元素等）都應該用一個 `<TouchableHighlight>` 包裝。`<TouchableHighlight>` 在使用者觸碰到時，會顯示一層疊加層，讓使用者視覺上有所回饋，和手機專用的網站比較起來，手機網站只能對觸控作有限的回應，但顯示一層疊加層的方法，就是行動應用程式讓人感覺**直覺**的關鍵。一般來說，像是在網站上的按鈕或連結處，就是你該使用 `<TouchableHighlight>` 的地方。

`<TouchableHighlight>` 元件的使用，基本上就是將你的元件以 `<TouchableHighlight>` 包起來，這樣在點擊時就會出現疊加層。`<TouchableHighlight>` 元件也為數種事件提供勾子函式（譯按：回呼函式），例如 `onPressIn`、`onPressOut`、`onLongPress` 及其他，方便你在 React 應用程式使用這些事件。

範例 4-3 展示出如何用 <TouchableHighlight> 包裝一個元件，藉此回應使用者動作。

範例 *4-3* 使用 *<TouchableHighlight>* 元件

```
<TouchableHighlight
  onPressIn={this._onPressIn}
  onPressOut={this._onPressOut}
  accessibilityLabel={'PUSH ME'}
  style={styles.touchable}>
    <View style={styles.button}>
      <Text style={styles.welcome}>
        {this.state.pressing ? "EEK!" : "PUSH ME"}
      </Text>
    </View>
</TouchableHighlight>
```

當使用者按下按鈕時，疊加層顯示，造成文字改變（圖 4-2）。

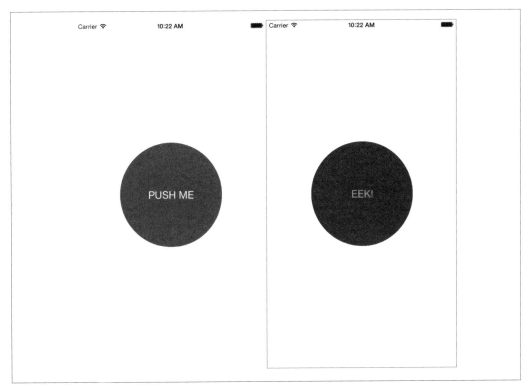

圖 4-2　使用 <TouchableHighlight> 給予使用者視覺回應—左邊是未壓狀態，右邊是以高亮度顯示的壓下狀態

這是個有點矯情的範例，不過重點是展示如何讓一個行動裝置上的按鈕，"感覺" 可以被觸控。而疊加層就是通知使用者一個元素可以被按壓的關鍵點，請注意，我們不用在樣式中寫任何程式，就可施用疊加層，<TouchableHighlight> 會幫我們處理好。

範例 4-3 是這個按鈕元件的全部程式碼。

範例 4-3 PressDemo.js 中展示 <TouchableHighlight> 的用法

```
import React, { Component } from "react";
import { StyleSheet, Text, View, TouchableHighlight } from "react-native";

class Button extends Component {
  constructor(props) {
    super(props);
    this.state = { pressing: false };
  }

  _onPressIn = () => {
    this.setState({ pressing: true });
  };

  _onPressOut = () => {
    this.setState({ pressing: false });
  };

  render() {
    return (
      <View style={styles.container}>
        <TouchableHighlight
          onPressIn={this._onPressIn}
          onPressOut={this._onPressOut}
          style={styles.touchable}
        >

          <View style={styles.button}>
            <Text style={styles.welcome}>
              {this.state.pressing ? "EEK!" : "PUSH ME"}
            </Text>
          </View>

        </TouchableHighlight>
      </View>
    );
  }
}

const styles = StyleSheet.create({
```

```
      container: {
        flex: 1,
        justifyContent: "center",
        alignItems: "center",
        backgroundColor: "#F5FCFF"
      },
      welcome: { fontSize: 20, textAlign: "center", margin: 10, color: "#FFFFFF" },
      touchable: { borderRadius: 100 },
      button: {
        backgroundColor: "#FF0000",
        borderRadius: 100,
        height: 200,
        width: 200,
        justifyContent: "center"
      }
    });

    export default Button;
```

可以試看看藉由修改這個按鈕的 onPress 或 onLongPress 的勾子（設定回呼函式），讓它可以回應其他的事件。去體驗實際裝置的動作，是瞭解這些事件如何對應使用者互動的最佳方法。

使用 PanResponder 類別

PanResponder 和 <TouchableHighlight> 不同，它不是一個元件，而是 React Native 提供的一個類別。PanResponder gestureState 物件讓你可以存取原始的位置資料和資訊，例如當前手勢的速度和累積距離。

若想在 React 元件中使用 PanResponder，我們要先建立一個 PanResponder 物件，然後將它附加在元件的 render 方法中。

建立 PanResponder 需要為 PanResponder 事件指定適當的事件處理函式（範例 4-5）。

範例 4-5 建立一個 *PanResponder* 需要指定數個回呼函式

```
    this._panResponder = PanResponder.create({
      onStartShouldSetPanResponder: this._handleStartShouldSetPanResponder,
      onMoveShouldSetPanResponder: this._handleMoveShouldSetPanResponder,
      onPanResponderGrant: this._handlePanResponderGrant,
      onPanResponderMove: this._handlePanResponderMove,
      onPanResponderRelease: this._handlePanResponderEnd,
      onPanResponderTerminate: this._handlePanResponderEnd,
    });
```

這六個函式讓我們可以存取完整的觸控事件生命週期，onStartShouldSetPanResponder 和 onMoveShouldSetPanResponder 決定我們要不要回應一個觸控事件，onPanResponderGrant 在觸控事件開始時會被呼叫，而 onPanResponderRelease 以及 onPanResponderTerminate 在觸控事件結束時被呼叫，對於正在進行中的事件，我們可以透過 onPanResponderMove 來存取觸控資料。

用擴展語法（spread syntax）將 onPanResponderGrant 加到我們元件的 render 方法中的 view（範例 4-6）。

範例 4-6 用擴展語法附加 PanResponder

```
render: function() {
  return (
    <View
      {...this._panResponder.panHandlers}>
      { /* View contents here */ }
    </View>
  );
}
```

做完之後，如果觸控在 view 中發生，你傳遞給 PanResponder.create 的事件處理函式就會在適當時被呼叫。

圖 4-3 中有一個小圈，你可以將它在畫面上拖動，而你移動它時坐標會同步顯示。

為了要實作這個範例，讓我們回想一下設定給 PanResponder 的回呼函式，前兩個很直接：藉由實作 _handleStartShouldSetPanResponder 和 _handleMoveShouldSetPanResponder，我們可以宣告我們想要這個 PanResponder 回應觸控事件（範例 4-7）。

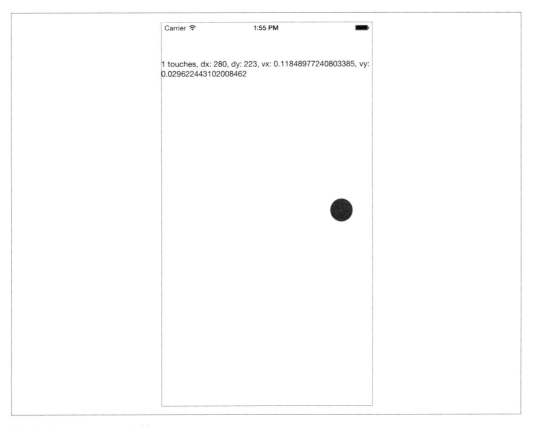

圖 4-3　PanResponder 示範

範例 4-7　直接在前兩個回呼函式回傳 *true*

```
_handleStartShouldSetPanResponder = (event, gestureState) => {
  // 在使用者按下圓圈時，狀態要變成 active 嗎？
  return true;
};

_handleMoveShouldSetPanResponder = (event, gestureState) => {
  // 在使用者的觸控在圓圈上移動時，狀態要變成 active 嗎？
  return true;
};
```

然後用 _handlePanResponderMove 得到的位置資料更新 circle view 中顯示坐標（範例 4-8）。

範例 *4-8 _handlePanResponderMove* 中更新 *circle view* 顯示坐標

```
_handlePanResponderMove = (event, gestureState) => {
  // 使用位移量計算目前位置
  this._circleStyles.style.left = this._previousLeft + gestureState.dx;
  this._circleStyles.style.top = this._previousTop + gestureState.dy;
  this._updatePosition();
};

_updatePosition = () => {
  this.circle && this.circle.setNativeProps(this._circleStyles);
};
```

請注意，呼叫 setNativeProps 的目的是要更新 circle view 的顯示坐標。

 如果有使用動畫，你可以直接用 setNativeProps 修改元件，而不需要使用傳統方法設定 state 和 props。這讓你不用重新 render 所有階層的元件，不過使用時請保守些。

接著，讓我們實作 _handlePanResponderGrant 和 _handlePanResponderEnd，以便在觸控動作時改變圈圈的色彩（範例 4-9）。

範例 *4-9 做出高亮度*

```
_highlight = () => {
  this.circle &&
    this.circle.setNativeProps({
      style: { backgroundColor: "blue" }
    });
};

_unHighlight = () => {
  this.circle &&
    this.circle.setNativeProps({ style: { backgroundColor: "green" } });
};

_handlePanResponderGrant = (event, gestureState) => {
  this._highlight();
};

_handlePanResponderEnd = (event, gestureState) => {
  this._unHighlight();
};
```

讓我們把使用 PanResponder 建立一個互動 view 的程式碼全部加起來看，如範例 4-10。

範例 *4-10 PanDemo.js* 中 PanResponder 的使用方法

```
// 取自 https://github.com/facebook/react-native/blob/master/
// Examples/UIExplorer/PanResponderExample.js

"use strict";

import React, { Component } from "react";
import { StyleSheet, PanResponder, View, Text } from "react-native";

const CIRCLE_SIZE = 40;
const CIRCLE_COLOR = "blue";
const CIRCLE_HIGHLIGHT_COLOR = "green";

class PanResponderExample extends Component {
  // 設定一些初始值
  _panResponder = {};
  _previousLeft = 0;
  _previousTop = 0;
  _circleStyles = {};
  circle = null;

constructor(props) {
  super(props);
  this.state = {
    numberActiveTouches: 0,
    moveX: 0,
    moveY: 0,
    x0: 0,
    y0: 0,
    dx: 0,
    dy: 0,
    vx: 0,
    vy: 0
  };
}

componentWillMount() {
  this._panResponder = PanResponder.create({
    onStartShouldSetPanResponder: this._handleStartShouldSetPanResponder,
    onMoveShouldSetPanResponder: this._handleMoveShouldSetPanResponder,
    onPanResponderGrant: this._handlePanResponderGrant,
    onPanResponderMove: this._handlePanResponderMove,
    onPanResponderRelease: this._handlePanResponderEnd,
    onPanResponderTerminate: this._handlePanResponderEnd
  });
  this._previousLeft = 20;
  this._previousTop = 84;
```

```
    this._circleStyles = {
      style: { left: this._previousLeft, top: this._previousTop }
    };
  }

  componentDidMount() {
    this._updatePosition();
  }

  render() {
    return (
      <View style={styles.container}>
        <View
          ref={circle => {
            this.circle = circle;
          }}
          style={styles.circle}
          {...this._panResponder.panHandlers}
        />
        <Text>
          {this.state.numberActiveTouches} touches,
          dx: {this.state.dx},
          dy: {this.state.dy},
          vx: {this.state.vx},
          vy: {this.state.vy}
        </Text>
      </View>
    );
  }

  // PanResponder 的方法會呼叫 _highlight 和 _unHightlight，
  // 以提供使用者視覺回饋
  _highlight = () => {
    this.circle &&
      this.circle.setNativeProps({
        style: { backgroundColor: CIRCLE_HIGHLIGHT_COLOR }
      });
  };

  _unHighlight = () => {
    this.circle &&
      this.circle.setNativeProps({ style: { backgroundColor: CIRCLE_COLOR } });
  };

  // 我們用 setNativeProps 直接控制圓圈的位置
  _updatePosition = () => {
    this.circle && this.circle.setNativeProps(this._circleStyles);
```

```
  };

  _handleStartShouldSetPanResponder = (event, gestureState) => {
    // 在使用者按下圓圈時，狀態要變成 active 嗎？
    return true;
  };

  _handleMoveShouldSetPanResponder = (event, gestureState) => {
    // 在使用者的觸控在圓圈上移動時，狀態要變成 active 嗎？
    return true;
  };

  _handlePanResponderGrant = (event, gestureState) => {
    this._highlight();
  };

  _handlePanResponderMove = (event, gestureState) => {
    this.setState({
      stateID: gestureState.stateID,
      moveX: gestureState.moveX,
      moveY: gestureState.moveY,
      x0: gestureState.x0,
      y0: gestureState.y0,
      dx: gestureState.dx,
      dy: gestureState.dy,
      vx: gestureState.vx,
      vy: gestureState.vy,
      numberActiveTouches: gestureState.numberActiveTouches
    });

    // 使用位移量計算目前位置
    this._circleStyles.style.left = this._previousLeft + gestureState.dx;
    this._circleStyles.style.top = this._previousTop + gestureState.dy;
    this._updatePosition();
  };

  _handlePanResponderEnd = (event, gestureState) => {
    this._unHighlight();
    this._previousLeft += gestureState.dx;
    this._previousTop += gestureState.dy;
  };
}

const styles = StyleSheet.create({
  circle: {
    width: CIRCLE_SIZE,
    height: CIRCLE_SIZE,
```

```
    borderRadius: CIRCLE_SIZE / 2,
    backgroundColor: CIRCLE_COLOR,
    position: "absolute",
    left: 0,
    top: 0
  },
  container: { flex: 1, paddingTop: 64 }
});

export default PanResponderExample;
```

如果你想實作自己的手勢辨識，我建議在實際裝置上體驗一下這個應用程式，如此你可以得到這些值是如何被回應的。圖 4-3 只是一個畫面截取，請在具有觸控螢幕的實際裝置上體驗一下。

選擇如何處理觸控

你要如何決定什麼時候使用本節所討論的觸控和手勢 API 呢？答案是取決於你想做的動作是什麼。

如果是想表達一個按鈕或其他的元素可以被 "點擊"，建議使用 <TouchableHighlight> 元件處理回饋和指示。

如果是想實作你自己的觸控介面，可以選擇使用 PanResponder。如果你正在設計一個遊戲，或是一個少見介面的應用程式，你會需要花一點時間建立想要的觸控介面。

對於大多數的應用程式而言，你並不需要實作任何客製的觸控處理。在下一小節中，我們會看到一些高階的元件，這些高階元件已幫你把常見的 UI 模式實作完了。

使用 List

許多行動裝置使用者介面把 list 當作重要元素，你可以在 Dropbox、Twitter 和 iOS 設定 app 上看到這個模式（圖 4-4）。其實 list 只是一個可以捲動的容器，包裝了幾個子 view。許多的行動裝置介面中都有這個簡單設計模式。

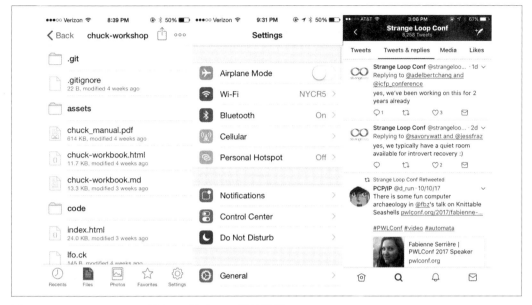

圖 4-4 Dropbox、Twitter 以及 iOS 設定 app 都使用了 list

React Native 有兩種提供方便 API 的 list 元件，`<FlatList>` 元件被設計用來處理既長且捲動、又會變化的一群相似結構資料，它已做過數種效能優化。而 `<SectionList>` 元件被設計用在可以被拆解為邏輯小區塊的資料，通常有區塊標頭，類似 iOS 的 **UITableView**。`<FlatList>` 和 `<SectionList>` 已足夠應付大多數情況，但若你想要實作一些底層或客製 list 處理，請用 `<VirtualizedList>`。

> 由於可以使用 list 的情況太多了，所以眾所周知，想要優化 list render 的效能很難。比方說，你的使用者是急忙的掃過畫面想要找出特定的聯絡人，還是緩慢的在瀏覽圖片？list 中的項目都具同質性，還是它們各有不同的子 view？如果哪天你有效能上的問題時，請查看一下你的 list。

在這一節中，我們要建立一個可以顯示**紐約時報**暢銷書排行榜的 **app**，而且還可以看到每本書的資料，如圖 4-5。我們會做兩個版本，一個是用 `<FlatList>`，而另外一個使用 `<SectionList>`。

如果你喜歡，可以從**紐約時報**選擇自己想用的 API（*http://developer.nytimes.com/apps/mykeys*），否則請使用範例程式中的 API。

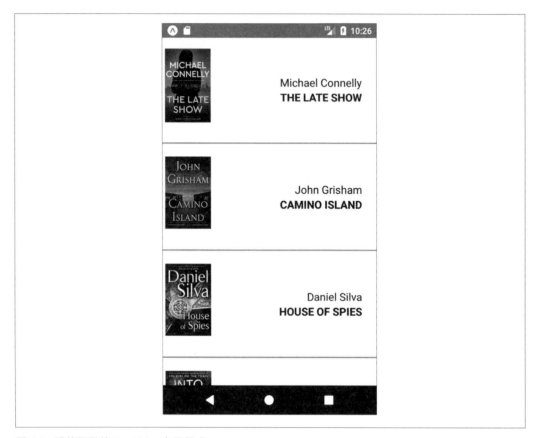

圖 4-5 即將要做的 BookList 應用程式

使用基本的 <FlatList> 元件

我們要從使用基本的 <FlatList> 元件開始，會使用到它的兩個屬性：data 和 renderItem。

```
<FlatList
  data={this.state.data}
  renderItem={this._renderItem} />
```

data 如它的名稱一樣，就是 <FlatList> 會 render 的資料。它應該是陣列型態，每個元素具有唯一 key 屬性，並可以加上你想用的其他屬性。

renderItem 是一個函式，這個函式會回傳一個元件，該元件是 data 陣列中的其中一個元素。

<FlatList> 的基本用法如範例 4-11。

範例 4-11 *.src/bestsellers/SimpleList.js*

```javascript
import React, { Component } from "react";

import { StyleSheet, Text, View, FlatList } from "react-native";

class SimpleList extends Component {
  constructor(props) {
    super(props);
    this.state = {
      data: [
        { key: "a" },
        { key: "b" },
        { key: "c" },
        { key: "d" },
        { key: "a longer example" },
        { key: "e" },
        { key: "f" },
        { key: "g" },
        { key: "h" },
        { key: "i" },
        { key: "j" },
        { key: "k" },
        { key: "l" },
        { key: "m" },
        { key: "n" },
        { key: "o" },
        { key: "p" }
      ]
    };
  }

  _renderItem = data => {
    return <Text style={styles.row}>{data.item.key}</Text>;
  };

  render() {
    return (
      <View style={styles.container}>
        <FlatList data={this.state.data} renderItem={this._renderItem} />
```

```
        </View>
      );
    }
  }

  const styles = StyleSheet.create({
    container: {
      flex: 1,
      justifyContent: "center",
      alignItems: "center",
      backgroundColor: "#F5FCFF"
    },
    row: { fontSize: 24, padding: 42, borderWidth: 1, borderColor: "#DDDDDD" }
  });

  export default SimpleList;
```

通常使用 <FlatList> 的其中一個目標，就是要讓 renderItem 傳出對應 item 屬性的資料。

```
  _renderItem = data => {
    return <Text style={styles.row}>{data.item.key}</Text>;
  };
```

可以將它簡化：

```
  _renderItem = ({item}) => {
    return <Text style={styles.row}>{item.key}</Text>;
  };
```

現在 app 長得像圖 4-6。

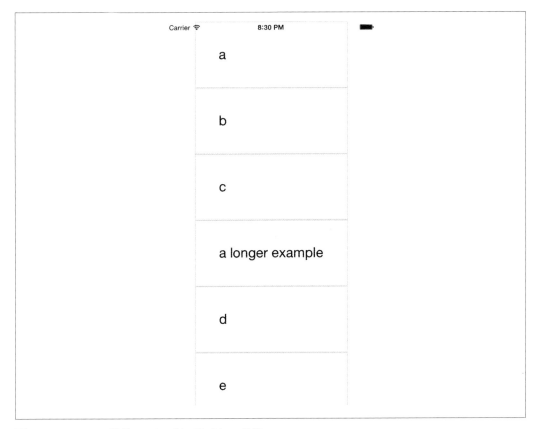

圖 4-6 SimpleList 元件 render 出 <FlatList> 骨架

更新 <FlatList> 內容

如果想做些更有趣的事呢？讓我們建立一個能顯示更複雜資料的 <FlatList>。我們將使用紐約時報的 API 建立一個簡單的暢銷書排行 app，功能是顯示*紐約時報暢銷排行榜*。

一開始先使用假的資料來代表從紐約時報 API 取得的資料，如範例 4-12。

範例 *4-12 先用模擬資料充當 API 回傳資料*

```
const mockBooks = [
  {
    rank: 1,
    title: "GATHERING PREY",
    author: "John Sandford",
    book_image:
```

```
        "http://du.ec2.nytimes.com.s3.amazonaws.com/prd/books/9780399168796.jpg"
    },
    {
        rank: 2,
        title: "MEMORY MAN",
        author: "David Baldacci",
        book_image:
            "http://du.ec2.nytimes.com.s3.amazonaws.com/prd/books/9781455586387.jpg"
    }
];
```

然後加入一個可以 render 這些假資料的元件 <BookItem>，如範例 4-13 所示。它合併使用
<View>、<Text> 和 <Image> 顯示每本書的基本訊息。

範例 4-13 src/bestsellers/BookIteam.js

```
import React, { Component } from "react";

import { StyleSheet, Text, View, Image, ListView } from "react-native";

const styles = StyleSheet.create({
    bookItem: {
        flexDirection: "row",
        backgroundColor: "#FFFFFF",
        borderBottomColor: "#AAAAAA",
        borderBottomWidth: 2,
        padding: 5,
        height: 175
    },
    cover: { flex: 1, height: 150, resizeMode: "contain" },
    info: {
        flex: 3,
        alignItems: "flex-end",
        flexDirection: "column",
        alignSelf: "center",
        padding: 20
    },
    author: { fontSize: 18 },
    title: { fontSize: 18, fontWeight: "bold" }
});

class BookItem extends Component {
    render() {
        return (
            <View style={styles.bookItem}>
                <Image style={styles.cover} source= />
                <View style={styles.info}>
```

```
        <Text style={styles.author}>{this.props.author}</Text>
        <Text style={styles.title}>{this.props.title}</Text>
      </View>
    </View>
  );
  }
}

export default BookItem;
```

為了要使用 `<BookItem>` 元件，還需要更新 `_renderItem` 函式，`<BookItem>` 需要有三個屬性：`coverURL`、`title` 和 `author`。

```
_renderItem = ({ item }) => {
  return (
    <BookItem
      coverURL={item.book_image}
      title={item.key}
      author={item.author}
    />
  );
};
```

還記得在一個 `<FlatList>` 中，每個 data 陣列中的元素都必須具備唯一的 key 屬性嗎？所以，我們要用一個輔助函式，該輔助函式接收一個物件陣列，並將每個物件加上 key 屬性，如範例 4-14。

範例 *4-14* *_addKeysToBooks* *方法為* *book* *陣列中的每個物件加上* *key*

```
_addKeysToBooks = books => {
  return books.map(book => {
    return Object.assign(book, { key: book.title });
  });
};
```

現在有了輔助函式，就可以用範例 4-12 中準備好的假資料當初始化資料。

```
constructor(props) {
  super(props);
  this.state = { data: this._addKeysToBooks(mockBooks) };
}
```

若全部放在一起，我們的假暢銷排行應用程式碼應該如範例 4-15，產生的 app 則呈現如圖 4-7。

範例 *4-15 src/bestsellers/MockBookList.js*

```javascript
import React, { Component } from "react";

import { StyleSheet, Text, View, Image, FlatList } from "react-native";

import BookItem from "./BookItem";

const mockBooks = [
  {
    rank: 1,
    title: "GATHERING PREY",
    author: "John Sandford",
    book_image:
      "http://du.ec2.nytimes.com.s3.amazonaws.com/prd/books/9780399168796.jpg"
  },
  {
    rank: 2,
    title: "MEMORY MAN",
    author: "David Baldacci",
    book_image:
      "http://du.ec2.nytimes.com.s3.amazonaws.com/prd/books/9781455586387.jpg"
  }
];

class BookList extends Component {
  constructor(props) {
    super(props);
    this.state = { data: this._addKeysToBooks(mockBooks) };
  }

  _renderItem = ({ item }) => {
    return (
      <BookItem
        coverURL={item.book_image}
        title={item.key}
        author={item.author}
      />
    );
  };

  _addKeysToBooks = books => {
    // 取得 NTTimes 的 API 回應，
    // 並在負責顯示的物件中加入一個 key 屬性
    return books.map(book => {
      return Object.assign(book, { key: book.title });
    });
```

```
  };

  render() {
    return <FlatList data={this.state.data} renderItem={this._renderItem} />;
  }
}

const styles = StyleSheet.create({ container: { flex: 1, paddingTop: 22 } });

export default BookList;
```

圖 4-7 使用 <FlatList> 顯示假資料

整合真實資料

前面用假資料顯示得很好,但讓我們加上真實資料來測試看看,範例 4-16 程式碼將利用紐約時報 API 存取資料。

範例 4-16 src/bestsellers/NYT.js

```
const API_KEY = "73b19491b83909c7e07016f4bb4644f9:2:60667290";
const LIST_NAME = "hardcover-fiction";
const API_STEM = "https://api.nytimes.com/svc/books/v3/lists";

function fetchBooks(list_name = LIST_NAME) {
  let url = `${API_STEM}/${LIST_NAME}?response-format=json&api-key=${API_KEY}`;
  return fetch(url)
    .then(response => response.json())
    .then(responseJson => {
      return responseJson.results.books;
    })
    .catch(error => {
      console.error(error);
    });
}

export default { fetchBooks: fetchBooks };
```

現在將函式庫引入到我們的元件。

```
import NYT from "./NYT";
```

現在加入呼叫紐約時報 API 的 _refreshData 方法:

```
_refreshData = () => {
  NYT.fetchBooks().then(books => {
    this.setState({ data: this._addKeysToBooks(books) });
  });
};
```

最後,還需要將初始狀態設定為空陣列,並呼叫 componentDidMount 中的 _refreshData。做完這件事後,我們的應用程式就可以將紐約時報暢銷書排行資料即時 render 出來了!完整的程式碼如範例 4-17,你可以看到更新後的 app 如圖 4-8。

範例 4-17 src/bestsellers/BookList.js

```
import React, { Component } from "react";

import { StyleSheet, Text, View, Image, FlatList } from "react-native";

import BookItem from "./BookItem";
```

```
import NYT from "./NYT";

class BookList extends Component {
  constructor(props) {
    super(props);
    this.state = { data: [] };
  }

  componentDidMount() {
    this._refreshData();
  }

  _renderItem = ({ item }) => {
    return (
      <BookItem
        coverURL={item.book_image}
        title={item.key}
        author={item.author}
      />
    );
  };

  _addKeysToBooks = books => {
    // 取得 NTTimes 的 API 回應，並在負責顯示的物件中加入一個 key 屬性
    return books.map(book => {
      return Object.assign(book, { key: book.title });
    });
  };

  _refreshData = () => {
    NYT.fetchBooks().then(books => {
      this.setState({ data: this._addKeysToBooks(books) });
    });
  };

  render() {
    return (
      <View style={styles.container}>
        <FlatList data={this.state.data} renderItem={this._renderItem} />
      </View>
    );
  }
}

const styles = StyleSheet.create({ container: { flex: 1, paddingTop: 22 } });

export default BookList;
```

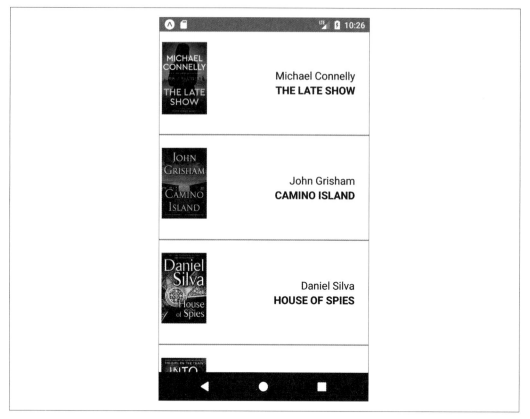

圖 4-8 用 <FlatList> 瀏覽暢銷書排行

如你所見，只要記得把你的資料組織得宜，使用 <FlatList> 元件是很直捷的，除了能處理捲動和觸控互動之外，<FlatList> 也做了很多加速 render 和減少記憶體使用量的效能優化。

使用 <SectionList>

<SectionList> 元件被設計用在顯示資料集合，這種資料集合大部分具有同質性並可選擇要不要加上標頭。舉例來說，如果我們要顯示數種不同類的暢銷書，並為每一類加上標頭，此時選用 <SectionList> 就很合適。

<SectionList> 要用到 sections、renderItem 以及 renderSectionHeader 屬性。我們將從 sections 開始談起，sections 是個陣列，該陣列中每個元素都有一塊資料，每塊資料物件必須要有 title 和 data，data 和 <FlatList> 中的 data 相似：是個陣列，並且每個元素都有唯一的 key 屬性。

讓我們將 _renderData 方法進階，使它可以抓取小說和非小說類的暢銷排行榜，並且更新對應的元件狀態。

```
_refreshData = () => {
  Promise
    .all([
      NYT.fetchBooks("hardcover-fiction"),
      NYT.fetchBooks("hardcover-nonfiction")
    ])
    .then(results => {
      if (results.length !== 2) {
        console.error("Unexpected results");
      }

      this.setState({
        sections: [
          {
            title: "Hardcover Fiction",
            data: this._addKeysToBooks(results[0])
          },
          {
            title: "Hardcover NonFiction",
            data: this._addKeysToBooks(results[1])
          }
        ]
      });
    });
};
```

不用更新 _renderItem 方法，但需要加上新的 _renderHeader 方法，如下。

```
_renderHeader = ({ section }) => {
  return (
    <Text style={styles.headingText}>
      {section.title}
    </Text>
  );
};
```

最後還要更新 render 方法，讓它回傳一個 <SectionList> 取代原來的 <FlatList>。

```
<SectionList
  sections={this.state.sections}
  renderItem={this._renderItem}
  renderSectionHeader={this._renderHeader}
/>
```

把所有的程式碼集合起來，使用 <SectionList> 的版本如範例 4-18，更新後的 app 呈現如圖 4-9。

範例 4-18 *src/bestsellers/BookSectionList.js*

```
import React, { Component } from "react";

import { StyleSheet, Text, View, Image, SectionList } from "react-native";

import BookItem from "./BookItem";
import NYT from "./NYT";

class BookList extends Component {
  constructor(props) {
    super(props);
    this.state = { sections: [] };
  }

  componentDidMount() {
    this._refreshData();
  }

  _addKeysToBooks = books => {
    // 取得 NTTimes 的 API 回應，並在負責顯示的物件中加入一個 key 屬性
    return books.map(book => {
      return Object.assign(book, { key: book.title });
    });
  };

  _refreshData = () => {
    Promise
      .all([
        NYT.fetchBooks("hardcover-fiction"),
        NYT.fetchBooks("hardcover-nonfiction")
      ])
      .then(results => {
        if (results.length !== 2) {
          console.error("Unexpected results");
        }
```

```
      this.setState({
        sections: [
          {
            title: "Hardcover Fiction",
            data: this._addKeysToBooks(results[0])
          },
          {
            title: "Hardcover NonFiction",
            data: this._addKeysToBooks(results[1])
          }
        ]
      });
    });
  };

  _renderItem = ({ item }) => {
    return (
      <BookItem
        coverURL={item.book_image}
        title={item.key}
        author={item.author}
      />
    );
  };

  _renderHeader = ({ section }) => {
    return (
      <Text style={styles.headingText}>
        {section.title}
      </Text>
    );
  };

  render() {
    return (
      <View style={styles.container}>
        <SectionList
          sections={this.state.sections}
          renderItem={this._renderItem}
          renderSectionHeader={this._renderHeader}
        />
      </View>
    );
  }
}
```

```
const styles = StyleSheet.create({
  container: { flex: 1, paddingTop: 22 },
  headingText: {
    fontSize: 24,
    alignSelf: "center",
    backgroundColor: "#FFF",
    fontWeight: "bold",
    paddingLeft: 20,
    paddingRight: 20,
    paddingTop: 2,
    paddingBottom: 2
  }
});

export default BookList;
```

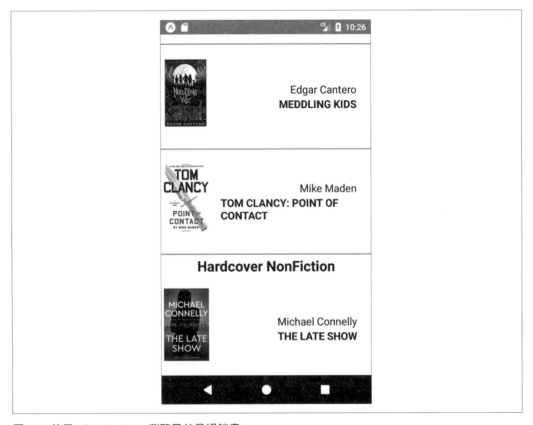

圖 4-9 使用 <SectionList> 瀏覽目前最暢銷書

Navigation

Navigation（譯按：硬要翻導航也不是太理想，基本上就是切換不同畫面間的動作）這個字在行動裝置應用上來說，大致上指的是讓使用者可以從一個畫面移動到另外一個畫面的程式碼。在網頁上，這部分屬於 `window.history` API 負責，這個 API 提供像 "上一頁" 和 "下一頁" 的功能。

在 React Native 中，一般用於 Navigation 的元件是內建的 `<Navigator>` 和 `<NavigatorIOS>` 元件，以及社群開發的 `<StackNavigator>`（由 `react-navigation` 函式提供）。

為了在行動裝置 app 裡的畫面間移動，所以必須要有 Navigation 的邏輯，還要具備 "深度連結"（deep linking）的功能，這樣使用者才能藉由一個 URL 跳到 app 中指定的畫面。

我們將在第十章深入討論 Navigation。

組織用元件

還有很多其他用來組織的元件，幾個好用的如 `<TabBarIOS>` 和 `<SegmentedControlIOS>`（如圖 4-10），以及 `<DrawerLayoutAndroid>` 和 `<ToolbarAndroid>`（如圖 4-11）。

你會注意到所有的名稱都前贅有平台名稱，這是因為它們是由該平台上 UI 元素的原生 API 重新包裝而來。

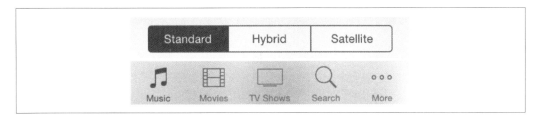

圖 4-10　一個 iOS 的分區控制（上方）以及 iOS 的 tab bar（下方）

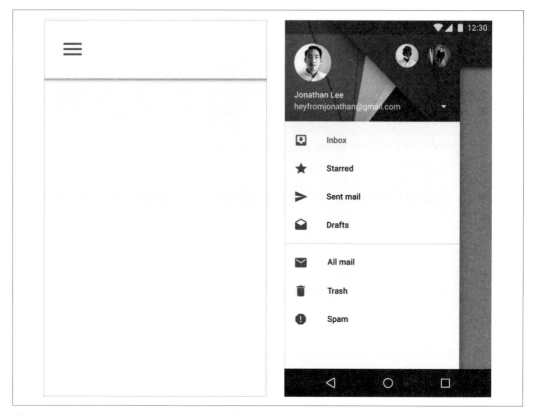

圖 4-11 一個 Android 的 toolbar（左側）以及 Android drawer（右側）

寫應用程式時，這些元件在組織多畫面時非常有用。`<TabBarIOS>` 和 `<DrawerLayoutAndroid>` 可以讓你切換多種模式或功能，`<SegmentedControlIOS>` 和 `<ToolbarAndroid>` 則更適合較小一點的控制。

參考不同平台的設計規範，以更適當的使用這些元件：

- Android Design Guide（*http://bit.ly/android_design_guide*）
- iOS Human Interface Guidelines（*http://bit.ly/designing_for_ios*）

在第七章將會深入說明使用不同平台的元件。

本章總結

在這一章中，我們深入探討多種 React Native 中最重要的元件，討論了如何使用基本的元件，像是 `<Text>` 及 `<Image>`，還有抽象元件，例如 `<FlatList>`、`<SectionList>` 及 `<TabBarIOS>` 等。為了你可能需要建立自己客製的觸控處理，所以也看了如何使用多種觸控 API 及元件。

此時，你應該能用 React Native 建立具操作基本功能的應用程式了！現在你已瞭解本章所討論的元件，在你自己的應用程式中建構和整合它們，用起來應該和使用 React 開發網頁十分相似。

當然，能構建立基本功能的應用程式只是開頭的一小步。在下一章中，我們將討論樣式設定，以及如何在行動裝置 app 上使用 React Native，以實現你想要的應用程式外觀和使用者感受。

樣式

做個有功能的應用程式很棒，但如果無法有效率地處理樣式，路也走不遠！在第三章我們建好了一個具基本樣式的簡單的天氣 app，當時給了我們一個處理 React Native 元件的概念。接下來我們要看如何建立及管理你的樣式表，還有 React Native 如何實作 CSS 規則。看完本章後，你應該就能學會輕鬆建立和設定自己的 React Native 元件及應用程式的樣式。

如果你想在 React Native 和網頁應用程式間共享樣式表，GitHub 上的 React Style 專案（*https://github.com/js-next/react-style*）提供了一個網頁用的 React Native 樣式系統。

宣告與使用樣式

用 React 開發網頁時，一般使用分開的樣式表檔案，這些檔案可能用 CSS、SASS 或 LESS 寫成。React Native 提供完全不一樣的方法，將樣式完全放進 JavaScript 的世界，且強迫你將樣式物件明確的和元件連結在一起。這種方法通常讓人很不習慣，因為它和 CSS 為基礎的樣式習慣存在明顯差距。

為了要瞭解 React Native 的樣式行為，首先我們要想一下傳統 CSS 樣式表有哪些令人頭痛的問題。[1] CSS 存在很多問題，所有 CSS 的規則和類別名稱都是全域的，意思是一個樣式的宣告一不小心就會被另外一個宣告覆蓋。舉例來說，如果你引入了大家常用的 Twitter Bootstrap 函式庫，就得直接接受 600 個全域變數。由於 CSS 樣式並不需要明確

---

[1] Christopher Chedeau, aka Vjeux 的 "CSS in JS" 簡報（*https://speakerdeck.com/vjeux/react-css-in-js*）提供了很好的說明。

指定用在哪個 HTML 元素，所以很難找出哪些是不再使用的樣式，而且也很難找出哪種樣式套用在哪個元素上。

雖然像 SASS 和 LESS 這種語言企圖消滅 CSS 比較難看的問題，但許多重點問題仍然存在。用 React 時，我們有機會只保留想要的部分 CSS 功能，但同時也造成了顯著的差異。React Native 則是實作了部分 CSS 樣式的子集，著重在保留樣式 API，同時仍然具有高度的表達性，如我們在本章會看到的，它們的定位是非常不同。而且，React Native 並不支援偽類別（pseudoclasse）、動畫（animation）或選擇器（selector），所有支援的屬性在文件（*https://facebook.github.io/react-native/docs/view.html#style*）中有完整的列表。

捨棄樣式表，在 React Native 中使用以 JavaScript 為基礎的樣式物件，這也造就了一個 React 的最強功能，即強迫把你的 JavaScript 程式碼——也就是元件，保持著模組化。藉由將樣式帶進 JavaScript 的領域，React Native 也讓我們不得不寫出模組化的樣式。

在本節中，我們會談到如何建立和操作 React Native 中的樣式物件。

使用 inline 樣式

在語法上來說，inline 是 React Native 中設定樣式最簡單的方法，但它通常也不是最好的方法。如你在範例 5-1 中看到的，React Native 中 inline 樣式的語法與 React 用在瀏覽器上時是一樣的。

範例 5-1 使用 inline 樣式

```
<Text>
  The quick <Text style={{fontStyle: "italic"}}>brown</Text> fox
  jumped over the lazy <Text style={{fontWeight: "bold"}}>dog</Text>.
</Text>
```

inline 樣式有幾個好處，它們馬上就可用，讓你很方便的進行一些實驗。

不過，礙於效率問題，你應該避免使用它們。inline 樣式物件必須在每次 render 時被重新建立，即使當你想回應 pros 或 state 而進行修改時，你也不需要使用 inline 樣式，這一點稍後我們將會看到。

物件設定樣式

如果查看 inline 樣式的語法，你會看到它只是簡單的傳遞一個物件到 style 屬性。其實沒有必要在 render 方法中建立樣式物件，相反的，你可以將動作分離，如範例 5-2。

範例 5-2 將 *JavaScript* 物件指定給 *style* 屬性

```
const italic = {
  fontStyle: "italic"
};
const bold = {
  fontWeight: "bold"
};

...

render() {
  return (
    <Text>
      The quick <Text style={italic}>brown</Text> fox
      jumped over the lazy <Text style={bold}>dog</Text>.
    </Text>
  );
}
```

使用 StyleSheet.create

幾乎所有的 React Native 範例程式碼都有用到 StyleSheet.create。這個函式是個加了點好處的糖衣語法。

和把 JavaScript 物件傳來傳去相比，建立樣式表更能減少記憶體的使用（這對效能有所助益）；而且可以幫助你把程式碼整理得更乾淨。這些樣式表是不可變的，通常這是件好事。

要不要使用 StyleSheet.create 完全是你的自由，不過通常你會想使用它。

範例 4-10 中的 *PanDemo.js* 剛好給了一個很好的反例，這個例子中 StyleSheet.create 的不可變，不是一個好事，而是一個阻礙。回想一下，當時我們想要依圓圈的移動更新它的位置—換句話說，每次我們收到 PanResponder 的位置更新時，就要更新狀態，也要改變圓圈的樣式。在這種情況下不會想要不可變，至少不能讓樣式控制圓圈的位置，所以我們要改用一個純物件儲存圓圈的樣式。

連接樣式

如果你想要合併使用兩到三個樣式怎麼辦？

回想前面我們提過，應該要儘量使用樣式化過的元件，這是真的，但有時候樣式重用也很重要。比方說，如果你有一個 button 樣式及 accentText 樣式，也許會想合併兩種樣式建立一個 AccentButton 元件。

如果兩種樣式如下：

```
const styles = StyleSheet.create({
  button: {
    borderRadius: "8px",
    backgroundColor: "#99CCFF"
  },
  accentText: {
    fontSize: 18,
    fontWeight: "bold"
  }
});
```

然後，你就可以用連接樣式同時使用這兩種樣式來建立元件（範例 5-3）。

範例 5-3 樣式屬性也可以接受物件陣列

```
class AccentButton extends Component {
  render() {
    return (
      <Text style={[styles.button, styles.accentText]}>
        {this.props.children}
      </Text>
    );
  }
}
```

如你所見，style 屬性可以接受一個物件陣列，如果你想要，也可以將 inline 樣式加入（範例 5-4）。

範例 5-4 你可以合併樣式物件和 inline 樣式

```
class AccentButton extends Component {
  render() {
    return (
      <Text style={[styles.button, styles.accentText, {color: "#FFFFFF"}]}>
        {this.props.children}
      </Text>
```

```
      );
    }
  }
```

若碰到會產生混淆的情況,例如將兩個物件指定給同一個屬性,React Native 會幫你解析,以樣式陣列最右邊的元素為優先,如果元素值為 false 值(false、null 和 undefined)則會被忽略。

你也可以利用這個原則做條件樣式。舉例來說,如果我們有一個 `<Button>` 元件,並想要它被觸摸時套用其他的樣式,就可以使用如範例 5-5 的程式碼。

範例 5-5 使用條件樣式

```
<View style={[styles.button, this.state.touching && styles.highlight]} />
```

這個秘訣幫助你保持 render 邏輯簡捷。

想使用合併樣式時就把樣式連結起來,如果將這個動作和網頁的樣式方法對比:相對於 SASS 中的 @ extend,或是純 CSS 中的巢式覆寫類別,連結樣式是種目的更專一的工具,這可以說是一件好事:它使得程式邏輯保持簡單,並更容易看出正在使用及如何使用哪些樣式。

組織與繼承

在目前看到的大部分範例中,我們都將樣式程式碼加到主要的 JavaScript 檔案的尾端,並以一個 StyleSheet.create 呼叫來使用它們。以範例程式來說這樣是可以的,但當你想要做真實的應用程式時,就不一定會想要這麼用了。我們到底應該怎麼組織樣式呢?在這一節中,我們要看組織樣式的方法,以及如何分享與繼承樣式。

匯出樣式物件

當你的樣式變多、變複雜時,你會想要讓它們和你的 JavaScript 檔中的元件分開存放。一個常見的方法是另外建一個目錄儲存元件。假設你有一個元件叫 `<ComponentName>`,你會建立一個叫 *ComponentName/* 的目錄,並存放檔案如下:

```
- ComponentName
  |- index.js
  |- styles.js
```

在 *style.js* 中,你可建立一個樣式表並匯出它(範例 5-6)。

範例 5-6 從一個 *JavaScript* 檔匯出樣式

```
import { StyleSheet } from "react-native";

const styles = StyleSheet.create({
  text: {
    color: "#FF00FF",
    fontSize: 16
  },
  bold: {
    fontWeight: "bold"
  }
});

export default styles;
```

在 *index.js* 中,可以像這樣匯入樣式:

```
import styles from "./styles";
```

然後就可以使用在元件上(範例 5-7)。

範例 5-7 從一個外部的 *JavaScript* 檔案匯入樣式

```
import React, { Component } from "react";
import { StyleSheet, View, Text } from "react-native";
import styles from "./styles";

class ComponentName extends Component {
  render() {
    return (
      <Text style={[styles.text, styles.bold]}>
        Hello, world
      </Text>
    );
  }
}
```

以屬性傳遞樣式

樣式也可以被當作一個元件的屬性傳遞。

你可以使用這規則建立延伸元件,延伸元件比較好控制,並會被父類指定樣式。舉例來說,一個元件可以接受一個可選屬性 **style** 作為樣式(範例 5-8),這是一個類似 CSS "階層式(cascading)"的方法。

範例 5-8 元件可以透過屬性接收樣式物件

```
import React, { Component } from "react";
import { View, Text } from "react-native";

class CustomizableText extends Component {
  render() {
    return (
      <Text style={[{fontSize: 18}, this.props.style]}>
        Hello, world
      </Text>
    );
  }
}
```

藉由加入 this.props.style 到樣式陣列的尾端，就可以確保能覆寫前面預設的樣式。

樣式重用與分享

一般來說，我們想要重用的是樣式物件而不是樣式，但以下是一些你想要在元件間分享樣式的例子。在這種情況下，可以將你專案中的檔案依下列方法組織：

```
- js
  |- components
     |- Button
        |- index.js
        |- styles.js
  |- styles
     |- styles.js
     |- colors.js
     |- fonts.js
```

藉由將元件和樣式存放獨立的目錄，你可以依當下情況使用不同檔案，一個元件的目錄應該只包含它的 React 類別及該元件專用的檔案，而共享的樣式則不和元件存在同一個目錄。共享樣式可能包括你的調色盤、字形、留白和填充距離等。

styles/styles.js 匯入其他的共享樣式檔並匯出它們，那麼你的元件就可以匯入 styles.js 並使用共享檔案，或是你想要元件從 style/ 目錄匯入指定的樣式表也可以。

但由於我們現在的樣式在 JavaScript 中，如何組織它們這個問題是屬於一般程式碼組織問題——也就是沒有標準方法。

定位和設計布局

React Native 使用樣式最大的改變就是定位，CSS 支援大量的定位技術，包括 **float**、絕對定位、table、block layout 還有更多技術，太容易令人迷惑了！ React Native 的定位方法比較單一，主要依靠 flexbox 及絕對定位，以及為人熟知的 **margin** 和 **padding** 屬性。在這小節中，我們會看到如何於 React Native 建立布局，最後會用 Mondrian 畫風完成一個布局。

用 Flexbox 作布局

Flexbox 是 CSS3 的布局模式，不像既存的 block 和 inline 布局模式，FlexBox 用的是 direction-agnostic 方法建立布局。（沒錯：最後水平對齊中線比較簡單！）React Native 相當依賴 Flexbox，如果你想知道更多規格詳情，請閱讀 MDN 文件（*http://mzl.la/1Ta8Zcj*）是個好的開始。

在使用 React Native 時，可用以下的 Flexbox 屬性：

- flex
- flexDirection
- flexWrap
- alignSelf
- alignItems

另外，可用以下布局相關的值：

- height
- width
- margin
- border
- padding

如果你以前在寫網頁時有用過 flexbox，則在這裡也不會太陌生。因為 flexbox 對於
React Native 中建構布局十分重要，所以我們會多花一點時間說明它是如何運作。

Flexbox 背後的基本概念是，你應該要建立可預測具結構的布局，即使對動態大小元件
也一樣。因為我們的設計要符合多種螢幕尺吋、螢幕方向的行動裝置布局，所以這一點
格外（我可以說是必備嗎？）重要。

讓我們從具有幾個子類別的父類別 `<View>` 開始：

```
<View style={styles.parent}>
  <Text style={styles.child}> Child One </Text>
  <Text style={styles.child}> Child Two </Text>
  <Text style={styles.child}> Child Three </Text>
</View>
```

然後為這些 view 設定一些基本樣式，但其中不涉及任何定位：

```
const styles = StyleSheet.create({
  parent: {
    backgroundColor: '#F5FCFF',
    borderColor: '#0099AA',
    borderWidth: 5,
    marginTop: 30
  },
  child: {
    borderColor: '#AA0099',
    borderWidth: 2,
    textAlign: 'center',
    fontSize: 24,
  }
});
```

布局結果如圖 5-1。

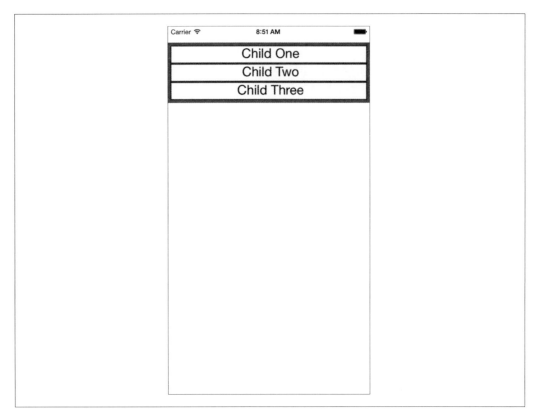

圖 5-1 在加入 flex 屬性前的布局

接著，我們要為父類和所有子類 view 設定 flex。藉由設定 flex 屬性，我們明確的指定 flexbox 的行為。flex 屬性接受一個數字，這個數字決定每個子 view 的權重，現在設定為 1，代表的是每個子 view 有相同的權重。

我們也設定 flexDirection:'column'，如此一來，子類就會以水平方式布局。如果設定的是 flexDirection:'row'，則子類就會以垂直方向布局。這些樣式的設定在範例 5-9 中，圖 5-2 是不同設定值達成的布局效果。

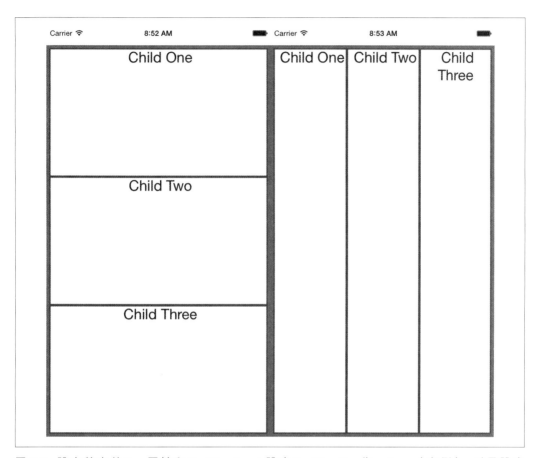

圖 5-2 設定基本的 flex 屬性和 flexDirection；設定 flexDirection 為 column（左側），以及設定 flexDirection 為 row（右側）

範例 5-9 設定 *flex* 與 *flexDirection* 屬性

```
const styles = StyleSheet.create({
  parent: {
    flex: 1,
    flexDirection: 'column',
    backgroundColor: '#F5FCFF',
    borderColor: '#0099AA',
    borderWidth: 5,
    marginTop: 30
  },
  child: {
```

```
        flex: 1,
        borderColor: '#AA0099',
        borderWidth: 2,
        textAlign: 'center',
        fontSize: 24,
    }
});
```

如果我們設定了 `alignItems`，則子類就不會延展填滿水平垂直兩向的所有空間。若已經設定 `flexDirection:'row'`，它們就會延展填滿水平空間，但若設定 `alignItems`，它們就只會使用需要的空間。

`alignItems` 的值也會決定另外一軸的定位點在哪，所謂的另外一軸是指與 `flexDirection` 正交的那一軸。在範例程式碼中的另一軸就是垂直軸，而設定值 `flex-start` 將會把子類放在上方，設定為 `center` 會放在中間，而設定值 `flex-end` 則會放在下方。

來看一下設定 `alignItems`（執行結果如圖 5-3）的效果：

```
const styles = StyleSheet.create({
  parent: {
    flex: 1,
    flexDirection: "row",
    alignItems: "flex-start",
    backgroundColor: "#F5FCFF",
    borderColor: "#0099AA",
    borderWidth: 5,
    marginTop: 30
  },
  child: {
    flex: 1,
    borderColor: "#AA0099",
    borderWidth: 2,
    textAlign: "center",
    fontSize: 24,
  }
});
```

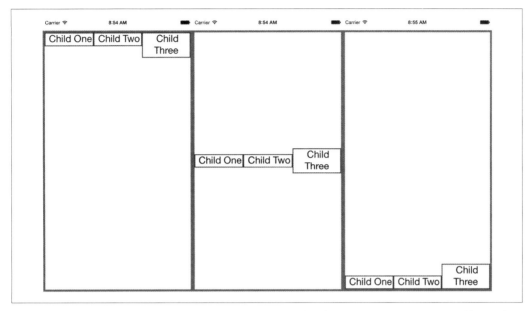

圖 5-3　設定 alignItems 決定子類在另一軸的位置，也就是與 flexDirection 正交的那一軸；此處是 flex-start、center 與 flex-end 的效果

使用絕對定位

除了 flexbox 之外，React Native 也支援絕對定位，用法和網頁上差不多，你可以藉由設定 position 屬性來使用它：

```
position: absolute
```

然後你就可以用熟悉的 left、right、top 和 bottom 屬性控制元件的定位點。

而施用絕對屬性的子類則會依父類的定位來決定定位，所以你也可以用 flexbox 設定父類元素，然後在子類使用絕對定位。

不過作法上還是有點限制存在，由於我們不存在 z 軸（z-index），所以若想把 view 全部重疊在上面就會有困難，最後一個重疊的 view 會蓋住其他的。

絕對定位也有它的優勢。舉例來說，如果你想要建立一個容器 view，位置在手機的下方狀態列，用絕對定位就很簡單：

```
container: {
  position: "absolute",
  top: 30,
  left: 0,
  right: 0,
  bottom: 0
}
```

整合使用

讓我們用這些定位技巧來作一個更複雜的布局。假設我們想要模仿一個 Mondrian 風格的畫來作布局，圖 5-4 就是最後做出來的結果：

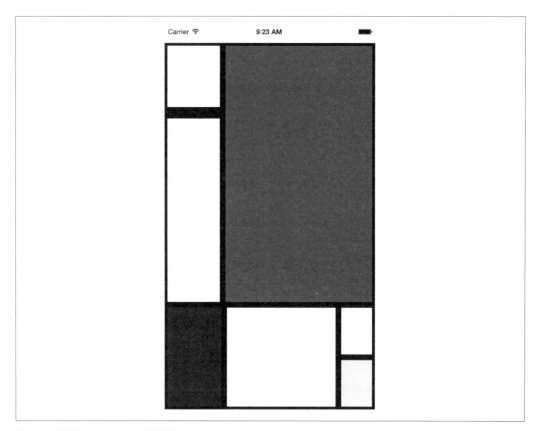

圖 5-4　將使用 flexbox 來建構這個布局

這種布局要怎麼做呢？

先做一個 parent 樣式來當容器。對 parent 使用絕對定位最為合適：我們想要這個容器填滿除了頂部 30 像素外的全部空間，頂部要留給畫面上的狀態列使用。另外把 flexdirection 設定為 column：

```
parent: {
  flexDirection: "column",
  position: "absolute",
  top: 30,
  left: 0,
  right: 0,
  bottom: 0
}
```

回頭看看布局，我們可以把布局再切為數個大的區塊，區塊有很多切法，所以我們隨興地選用如圖 5-5 的切法：

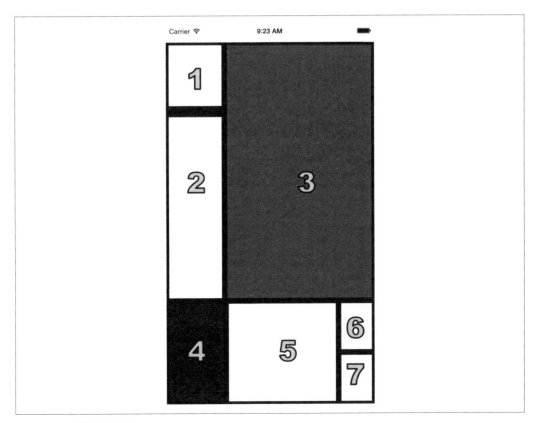

圖 5-5 設定樣式的順序

一開始切為上和下兩區：

```
<View style={styles.parent}>
  <View style={styles.topBlock}>
  </View>
  <View style={styles.bottomBlock}>
  </View>
</View>
```

然後再做下一層，這一層要再切出左欄和右下欄兩個分區（譯著：等一下還要再切的兩塊），然後在 3、4 和 5 訂定實際的 `<View>` 元件：

```
<View style={styles.parent}>
  <View style={styles.topBlock}>
    <View style={styles.leftCol}>
    </View>
    <View style={[styles.cellThree, styles.base]} />
  </View>
  <View style={styles.bottomBlock}>
    <View style={[styles.cellFour, styles.base]}/>
    <View style={[styles.cellFive, styles.base]}/>
    <View style={styles.bottomRight}>
    </View>
  </View>
</View>
```

而最後會完成 7 個分區，範例 5-10 中有完整的元件：

範例 *5-10 sytles/Mondrian/index.js*

```
import React, { Component } from "react";
import { StyleSheet, Text, View } from "react-native";

import styles from "./style";

class Mondrian extends Component {
  render() {
    return (
      <View style={styles.parent}>
        <View style={styles.topBlock}>
          <View style={styles.leftCol}>
            <View style={[styles.cellOne, styles.base]} />
            <View style={[styles.base, styles.cellTwo]} />
          </View>
          <View style={[styles.cellThree, styles.base]} />
        </View>
        <View style={styles.bottomBlock}>
```

```
          <View style={[styles.cellFour, styles.base]} />
          <View style={[styles.cellFive, styles.base]} />
          <View style={styles.bottomRight}>
            <View style={[styles.cellSix, styles.base]} />
            <View style={[styles.cellSeven, styles.base]} />
          </View>
        </View>
      </View>
    );
  }
}

export default Mondrian;
```

現在加上樣式（範例 5-11）。

範例 *5-11 sytles/Mondrian/style.js*

```
import React from "react";
import { StyleSheet } from "react-native";

const styles = StyleSheet.create({
  parent: {
    flexDirection: "column",
    position: "absolute",
    top: 30,
    left: 0,
    right: 0,
    bottom: 0
  },
  base: { borderColor: "#000000", borderWidth: 5 },
  topBlock: { flexDirection: "row", flex: 5 },
  leftCol: { flex: 2 },
  bottomBlock: { flex: 2, flexDirection: "row" },
  bottomRight: { flexDirection: "column", flex: 2 },
  cellOne: { flex: 1, borderBottomWidth: 15 },
  cellTwo: { flex: 3 },
  cellThree: { backgroundColor: "#FF0000", flex: 5 },
  cellFour: { flex: 3, backgroundColor: "#0000FF" },
  cellFive: { flex: 6 },
  cellSix: { flex: 1 },
  cellSeven: { flex: 1, backgroundColor: "#FFFF00" }
});

export default styles;
```

本章總結

這一章節,看到於 React Native 中如何設定樣式,雖然有許多設定樣式和網頁上使用 CSS 樣式方法類似,但 React Native 也有新的結構和方法來做樣式設定,所以還是有些新東西需要消化一下!此時,你應該已能夠在 React Native 中有效率地做行動裝置 UI 的樣式設定。最棒的是,要看到樣式的效果很簡單:只要能讓模擬器重新載入即可。(和在編輯完樣式後要重新建置應用程式的傳統作法相比,真的是太輕鬆了。)

如果想要多練習樣式設定,可以試試看將前面的*紐約時報*暢銷書排行或是天氣 app 改變樣式或布局。後面我們會有越來越多的範例應用程式,也不愁沒有材料可以作練習!

平台 API

在做行動裝置應用程式時，你會自然地想要利用目標平台的 API。React Native 讓存取手機的相機膠捲、地點和儲存體變得容易，React Native 上透過引入模組來使用這些平台 API，這些模組提供我們一個易於使用的非同步 JavaScript 介面，來操作那些平台功能。

預設上，React Native 並不會支援目標平台上所有功能；部分平台上的 API 需要你實作自己的模組或是使用 React Native 社群寫好的模組才能使用，這部分將在第七章說明。官方文件（*https://facebook.github.io/react-native*）是查看哪些 API 已被支援的最佳途徑。

本章將要談的是一些已支援的平台 API。舉例來說，我們將會利用前面寫好的天氣 app，為它加上自動偵測使用者所在位置的功能。另外還會為該 app 加上記憶的功能，使該 app 記得你曾搜尋過哪些地點。最後打開使用者的相機膠捲，挑選照片來換背景。

雖然相關的程式碼片段會在每個小節中說明，但完整的應用程式程式碼將會在 108 頁 "SmarterWeather 應用程式" 中。

使用 Geolocation

對行動裝置應用程式而言，能知道使用者目前所在地很重要，讓你能對使用者做出相關的服務。許多行動裝置應用程式非常重用這個資料。

React Native 內建支援地理資訊，以不指定平台的 "自動補完函式庫"（polyfill）型式提供。它回傳的資料符合 MDN Geolocation API 網頁規格（*http://mzl.la/1lELM6N*）。由於資料符合該規格，所以你不需要處理具平台差異的 API，例如 Location Service，你所寫出所有關於地理位置的程式碼都能完整地被移植到其它平台。

讀取使用者位置

使用 Geolocation API 得到使用者的位置易如反掌，如範例 6-1，只要呼叫 navigator.geolocation 即可。

範例 6-1 使用 navigator.geolocation 取得使用者位置

```
navigator.geolocation.getCurrentPosition(
  (position) => {
    console.log(position);
  },
  (error) => {alert(error.message)},
  {enableHighAccuracy: true, timeout: 20000, maximumAge: 1000}
);
```

取得的位置會印在 JavaScript 終端機上；請看 145 頁的"利用 console.log 進行除錯"中有如何操作終端機的資訊。

由於符合 Geolocation 規格，所以我們不用匯入位置 API 的模組，直接就可以使用。

getCurrentPosition 函式有三個參數：成功情況的回呼函式、錯誤情況的回乎函式以及一組 geoOptions，只有成功情況的回呼函式是必要的參數。

當成功回呼函式被呼叫時，一個含有坐標的 position 物件及一個時間戳記會被傳入該回呼函式，範例 6-2 顯示它們的格式及可能值。

範例 6-2 從 getCurrentPosition 得到的回傳值

```
{
  coords: {
    speed:-1,
    longitude:-122.03031802,
    latitude:37.33259551999998,
    accuracy:500,
    heading:-1,
    altitude:0,
    altitudeAccuracy:-1
  },
  timestamp:459780747046.605
}
```

geoOptions 是個物件，可以任意指定該物件中的 timeout、enableHighAccuracy 及 maximumAge。在程式動作可能不正常時，timeout 是最需要關注的項目。

請注意，你得先加入適當的權限到 *Info.plist* 檔（iOS 用）或是 *AndroidManifest.xml*（Android 用）中，才能正常使用地理資訊，我們後面會說明如何加入權限。

權限處理

地理位置資料是私密性資訊，所以預設上你的應用程式無法存取。應用程式必須能處理權限允許打開或拒絕授予權限的情況。

多數行動裝置平台都限定位置權限，一個使用者可選擇在 iOS 完全關閉 Location Service，或是為不同的應用程式指定給予權限。要注意位置權限可能在任何時間點被撤銷，應用程式應該一直有能力處理失敗的地理位置函式呼叫。

為了要存取地點資料，首先要宣告你的應用程式想使用地點資料。

在 iOS 上，你須必在 *Info.plist* 檔中引入 `NSLocationWhenInUseUsageDescription`。在你建立 React Native 時，這個鍵應該已預設被引入了。

在 Android 上，你必須將以下內容加到 *AndroidManifest.xml* 檔中：

```
<uses-permission android:name="android.permission.ACCESS_FINE_LOCATION" />
```

在你在應用程式首次企圖取得使用者位置時，使用者會看到一個要求權限的提示，如圖 6-1。

圖 6-1 要求取得位置權限

當這個對話框跳出來時，不會有回呼函式被呼叫，一旦使用者選定了選項，對應的回呼函式就會被呼叫。作出的選擇會保存，下一次就不會再問。

如果使用者拒絕授權，你可以無聲的接受被拒絕，但大多數的會跳出警示對話框，請求重新給予授權。

用模擬器測試 Geolocation

你的大部分測試和開發通常是在模擬器中（大概也等同在你的辦公桌上吧）完成。這種情況下，要如何測試程式在不同地點的行為呢？

iOS 摸擬器可讓你假設在不同的地方。預設值是在加州蘋果公司附近，但你可以藉由 Debug->Location->Custom Location... 設定任何其他坐標，如圖 6-2。

圖 6-2 設定 iOS 模擬器的位置

同樣地，在 Android 上也可以選擇 GPS 坐標（圖 6-3），你甚至可以匯入資料，並且控制地點改變的速度。

圖 6-3　設定 Android 模擬器的位置

在測試程序中加入不同地點的測試是個好練習。當然，若要嚴謹的測試，就應該把應用程式實際放在行動裝置上才行。

監看使用者的位置

你可以設定監看使用者的位置，並在位置改變時收到變更通知。這可以用來隨時間追蹤使用者，或確認應用程式接收的是最新的位置資訊：

```
this.watchID = navigator.geolocation.watchPosition((position) => {
  this.setState({position: position});
});
```

也可以在你的元件不再使用時，取消監看狀態：

```
componentWillUnmount() {
  navigator.geolocation.clearWatch(this.watchID);
}
```

使用限制

由於地理資訊要符合 MDN 規格，所以很多進階的位置功能沒有支援。舉例來說，iOS 提供 Geofencing API，這種 API 在使用者進入或離開一個設定的**地理區域**（*geofence*）時，通知你的應用程式。React Native 就不支援這種 API。

這代表如果你想要使用 MDN 規格未支援的位置功能，就要自己實作。

升級天氣應用程式

SmarterWeather 是天氣 app 的進階版本，它支援 Geolocation API，你可以看到進階以後的長相如圖 6-4。

最先注意到的是新元件 `<LocationButton>`，它用來抓取使用者目前的位置並在被按下時呼叫回呼函式，`<LocationButton>` 的程式碼如範例 6-3。

圖 6-4　依使用者目前位置顯示天氣

範例 *6-3 smarter-weather/LocationButton/index.js*：按下時，按鈕會取得使用者資訊

```javascript
import React, { Component } from "react";

import Button from "./../Button";
import styles from "./style.js";

const style = { backgroundColor: "#DDDDDD" };

class LocationButton extends Component {
  _onPress() {
    navigator.geolocation.getCurrentPosition(
      initialPosition => {
        this.props.onGetCoords(
          initialPosition.coords.latitude,
          initialPosition.coords.longitude
        );
      },
      error => {
        alert(error.message);
      },
      { enableHighAccuracy: true, timeout: 20000, maximumAge: 1000 }
    );
  }

  render() {
    return (
      <Button
        label="Use Current Location"
        style={style}
        onPress={this._onPress.bind(this)}
      />
    );
  }
}

export default LocationButton;
```

<LocationButton> 使 用 的 <Button> 元 件 程 式 碼 在 本 章 結 尾 處 ； 它 簡 單 地 用 <TouchableHighlight> 包裝 <Text> 元件，並設定基本的樣式。

我們也將主要的 *weather_project.js* 檔升級，讓它可以接受兩種不同的 query 方式（範例 6-4），OpenWeatherMap API 接受我們以經緯度及郵遞區號進行 query。

範例 6-4 加入 _getForecastForCoords 以及 _getForecastForZip 函式

```
const WEATHER_API_KEY = 'bbeb34ebf60ad50f7893e7440a1e2b0b';
const API_STEM = 'http://api.openweathermap.org/data/2.5/weather?';

...

_getForecastForZip: function(zip) {
  this._getForecast(
    `${API_STEM}q=${zip}&units=imperial&APPID=${WEATHER_API_KEY}`);
},

_getForecastForCoords: function(lat, lon) {
  this._getForecast(
    `${API_STEM}lat=${lat}&lon=${lon}&units=imperial&APPID=${WEATHER_API_KEY}`);
},

_getForecast: function(url, cb) {
  fetch(url)
    .then((response) => response.json())
    .then((responseJSON) => {
      console.log(responseJSON);
      this.setState({
        forecast: {
          main: responseJSON.weather[0].main,
          description: responseJSON.weather[0].description,
          temp: responseJSON.main.temp
        }
      });
    })
    .catch((error) => {
      console.warn(error);
    });
}
```

然後把 <LocationButton> 加入主要 view，並設定 _getForecastForCoords 作為回呼函式：

```
<LocationButton onGetCoords={this._getForecastForCoords}/>
```

樣式的改變就不在這邊多說，本章結尾處的程式碼裡會有。

要將應用程式給使用者用前，還有一堆工作沒做─比方說，更完整的應用程式要有更多的錯誤訊息及更多的 UI 提示等，但基本的位置取得工作簡直簡單地令人意外！

取用使用者的影像和照相機

 需要使用完整的 *Native* 程式碼專案

這個小節的範例只適用於以 react-native-init 建立的專案，或是由 create-react-native-app 建立後又經 "升級"（ejected）的專案，請看附錄 C 有更多資訊。

能夠存取手機本地影像和照相機對許多行動裝置應用程式也是很重要的功能，在這一節中，我們會操作使用者的影像資料及照相機。

我們會繼續使用 SmarterWeather 專案，以使用者膠捲影像改變背景。

操作 CameraRoll 模組

React Native 提供一個操作相機膠捲的介面，相機膠捲裡有使用者手機照相機所拍下的照片。

基本的存取相機膠捲不是太難，首先要匯入 CameraRoll 模組：

```
import { CameraRoll } from "react-native";
```

然後利用這個模組取得使用者照片的資訊，如範例 6-5。

範例 *6-5 CameraRoll.getPhotos 基本用法*

```
CameraRoll.getPhotos(
  {first: 1},
  (data) => {
    console.log(data);
  },
  (error) => {
    console.warn(error);
  });
```

呼叫 getPhotos 搭配傳入適當的 query，它就會回傳一些和相機膠捲相關的資訊。

到 SmarterWeather 中，以一個新的 <PhotoBackdrop> 元件（範例 6-6）換掉最上層的 <Image> 元件。現在 <PhotoBackdrop> 的功能僅有顯示使用者相機膠捲裡的一張照片。

範例 *6-6 smarter-weather/PhotoBackdrop/index.js*

```javascript
import React, { Component } from "react";

import { Image, CameraRoll } from "react-native";

import styles from "./style";

class PhotoBackdrop extends Component {
  constructor(props) {
    super(props);
    this.state = { photoSource: null };
  }

  componentDidMount() {
    CameraRoll.getPhotos({ first: 1 }).then(data => {
      this.setState({ photoSource: { uri: data.edges[3].node.image.uri } });
    }, error => {
      console.warn(error);
    });
  }

  render() {
    return (
      <Image
        style={styles.backdrop}
        source={this.state.photoSource}
        resizeMode="cover"
      >
        {this.props.children}
      </Image>
    );
  }
}

export default PhotoBackdrop;
```

CameraRoll.getPhotos 有三個傳入參數：帶數個參數的物件、成功回呼函式及錯誤回呼函式。

用 GetPhotoParams 取得影像

getPhotoParams 物件可以參受多種設定，可以查看 React Native 原始程式碼（*http://bit.ly/1kPZnrQ*）看看有哪些設定適合我們使用：

first

數值；指定從膠捲最新的照片中取得的張數（例如：SavePhotos 最近存下的那張）。

after

字串；符合 page_info {end_cursor} 的指標，由前一次 getPhotos 回傳。

groupTypes

字串；指定分組方式進行過濾，值可以是 Album、All、Event 等；原始碼裡有所有支援的分組方式。

groupName

字串；指定群組名稱進行過濾，例如 Recent Photos 或相簿名稱。

assetType

可以是 All、Photos 或 Videos；用資產類別進行過濾。

mimeTypes

字串陣列；基於 mimetype（像是 *image/jpeg*）的過濾器。

在範例 6-5 基本的 getPhotos 呼叫中，使用的 getPhotoParams 物件很簡單：

```
{first: 1}
```

其表示，我們要求要最新的照片。

render 一張相機膠捲影像

從相機膠捲收到一張影像後，要如何把它 render 出來呢？先看一下成功的回呼函式：

```
(data) => {
  this.setState({
    photoSource: {uri: data.edges[0].node.image.uri}
})},
```

從 data 物件的結構並不是一眼就可以看穿，所以也許使用除錯器來檢視這個物件比較好。每個在 data.edges 裡的物件都有一個 node，node 代表一張照片，從 node 也可以得到實際資產的 URI。

回想一下 <Image> 元件可以拿 URI 放入它的 source 屬性，所以你可以把從相機膠捲取得的影像設定給 source 屬性，就可以 render 該影像：

```
<Image source={this.state.photoSource} />
```

就這樣而已！現在已經可以在應用程式上看到效果，影像也會顯示了，如圖 6-5。

圖 6-5 從相機膠捲 render 一張影像

上傳一張影像到 Server

如果你想把影像傳到某處要怎麼做？ React Native 的 XHR 模組內建之影像上傳功能基本的使用方法如下：

```
let formdata = new FormData();
...
formdata.append('image', {...this.state.randomPhoto, name: 'image.jpg'});
...
xhr.send(formdata);
```

XHR 是 XMLHeapRequest 的縮寫，React Native 將 XHR API 實作在 iOS 網路 API 之上。和地理資訊類似，React Native 的 XHR 實作也符合 MDN 規範（*http://bit.ly/xmlhttpreq*）。

使用 XHR 作網路 request 比 FetchAPI 難一些，但基本的方法看起來會像範例 6-7。

範例 6-7 用 XHR POST 一張影像的基本用法

```
let xhr = new XMLHttpRequest();
xhr.open('POST', 'http://posttestserver.com/post.php');
let formdata = new FormData();
formdata.append('image', {...this.state.photo, name: 'image.jpg'});
xhr.send(formdata);
```

這裡忽略了向 XHR requst 註冊多個回呼函式的部分。

用 AsyncStorage 儲存資料

多數應用程式都需要持續追蹤某些類型的資料，該如何使用 React Native 做到這一點呢？

React Native 提供了 AsyncStorage，它是一個全域的鍵值（key-value）儲存工具，如果你曾在開發網頁時用過 LocalStorage，則在使用 AsyncStorage 時會覺得很相似。它在各種平台上的實作有所差異，不過不論你使用的是 Android 或 iOS，JavaScript API 介面是一樣的。

讓我們看一下如何使用 React Native 中的 AsyncStorage 模組。

AsyncStorage 使用的儲存鍵，可以是任意符合 @AppName:key 格式的字串，像是：

```
const STORAGE_KEY = '@SmarterWeather:zip';
```

AsyncStorage 模組的 getItem 與 setItem 都有對應回傳值。在 SmarterWeather app 中，我們從 componentDidMount 讀出之前儲存的郵遞區號：

```
AsyncStorage.getItem(STORAGE_KEY)
  .then((value) => {
    if (value !== null) {
      this._getForecastForZip(value);
    }
  })
  .catch((error) => console.log('AsyncStorage error: ' + error.message))
  .done();
```

在 _getForecaseForZip 中，我們可以將郵遞區號值儲存起來：

```
AsyncStorage.setItem(STORAGE_KEY, zip)
  .then(() => console.log('Saved selection to disk: ' + zip))
  .catch((error) => console.log('AsyncStorage error: ' + error.message))
  .done();
```

AsyncStorage 另外也提供了刪除、合併及取回所有可用資料鍵的功能。

SmarterWeather 應用程式

本章所有的範例程式都可以在 *SmarterWeather/* 目錄下找到，原來第三章的天氣 app 已經被修改很多，所以讓我們重新看一次整個應用程式的架構（範例 6-8）。

範例 6-8 *SmarterWeather* 專案的內容

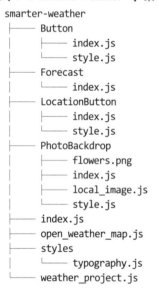

```
smarter-weather
├──── Button
│     ├──── index.js
│     └──── style.js
├──── Forecast
│     └──── index.js
├──── LocationButton
│     ├──── index.js
│     └──── style.js
├──── PhotoBackdrop
│     ├──── flowers.png
│     ├──── index.js
│     ├──── local_image.js
│     └──── style.js
├──── index.js
├──── open_weather_map.js
├──── styles
│     └──── typography.js
└──── weather_project.js
```

最上層元件存在 *weather_project.js* 中，共用的字型樣式放在 *styles/typography.js*，目錄 *Forecast/*、*PhotoBackdrop/*、*Button/* 及 *LocationButton/* 都是新的 SmarterWeather 應用程式要用的 React 元件。

<WeatherProject> 元件

最上層的 <WeatherProject> 元件被存放在 *weather_project.js*（範例 6-9）中，這個元件中使用 AsyncStorage 儲存最新地點資訊。

範例 *6-9 smarter-wather/weather_project.js*

```
import React, { Component } from "react";
import {
  StyleSheet,
  Text,
  View,
  TextInput,
  AsyncStorage,
  Image
} from "react-native";

import Forecast from "./Forecast";
import LocationButton from "./LocationButton";
import textStyles from "./styles/typography.js";

const STORAGE_KEY = "@SmarterWeather:zip";

import OpenWeatherMap from "./open_weather_map";

// 這個版本使用本地資產中的 flowers.png
import PhotoBackdrop from "./PhotoBackdrop/local_image";

// 這個版本從相機膠捲中取得特定的相片
// import PhotoBackdrop from './PhotoBackdrop'; (譯按：這一行是註解掉的程式碼，不譯)

class WeatherProject extends Component {
  constructor(props) {
    super(props);
    this.state = { forecast: null };
  }

  componentDidMount() {
    AsyncStorage
    .getItem(STORAGE_KEY)
    .then(value => {
      if (value !== null) {
        this._getForecastForZip(value);
      }
    })
    .catch(error => console.error("AsyncStorage error: " + error.message))
    .done();
```

```
  }

  _getForecastForZip = zip => {
    // 儲存郵遞區號
    AsyncStorage
      .setItem(STORAGE_KEY, zip)
      .then(() => console.log("Saved selection to disk: " + zip))
      .catch(error => console.error("AsyncStorage error: " + error.message))
      .done();

    OpenWeatherMap.fetchZipForecast(zip).then(forecast => {
      this.setState({ forecast: forecast });
    });
  };

  _getForecastForCoords = (lat, lon) => {
    OpenWeatherMap.fetchLatLonForecast(lat, lon).then(forecast => {
      this.setState({ forecast: forecast });
    });
  };

  _handleTextChange = event => {
    let zip = event.nativeEvent.text;
    this._getForecastForZip(zip);
  };

  render() {
    let content = null;
    if (this.state.forecast !== null) {
      content = (
        <View style={styles.row}>
          <Forecast
            main={this.state.forecast.main}
            temp={this.state.forecast.temp}
          />
        </View>
      );
    }

    return (
      <PhotoBackdrop>
        <View style={styles.overlay}>
          <View style={styles.row}>
            <Text style={textStyles.mainText}>
              Forecast for
            </Text>
```

```
            <View style={styles.zipContainer}>
              <TextInput
                style={[textStyles.mainText, styles.zipCode]}
                onSubmitEditing={this._handleTextChange}
                underlineColorAndroid="transparent"
              />
            </View>
          </View>

          <View style={styles.row}>
            <LocationButton onGetCoords={this._getForecastForCoords} />
          </View>

          {content}

        </View>
      </PhotoBackdrop>
    );
  }
}

const styles = StyleSheet.create({
  overlay: { backgroundColor: "rgba(0,0,0,0.1)" },
  row: {
    flexDirection: "row",
    flexWrap: "nowrap",
    alignItems: "center",
    justifyContent: "center",
    padding: 24
  },
  zipContainer: {
    borderBottomColor: "#DDDDDD",
    borderBottomWidth: 1,
    marginLeft: 5,
    marginTop: 3,
    width: 80,
    height: textStyles.baseFontSize * 2,
    justifyContent: "flex-end"
  },
  zipCode: { flex: 1 }
});

export default WeatherProject;
```

上面範例中使用 *styles/typography.js*（範例 6-10）中的共享樣式。

範例 *6-10 smarter-weather/styles/typography.js* 中的共享字型樣式

```
import { StyleSheet } from "react-native";

const baseFontSize = 24;

const styles = StyleSheet.create({
  bigText: { fontSize: baseFontSize + 8, color: "#FFFFFF" },
  mainText: { fontSize: baseFontSize, color: "#FFFFFF" }
});

// 為其它的地方做設定 ...
styles["baseFontSize"] = baseFontSize;

export default styles;
```

<Forecast> 元件

<Forecast> 元件用來顯示天氣資訊,包括氣溫。它被剛才的 <WeatherProject> 元件所使用,<Forecast> 元件的程式碼如範例 6-11。

範例 *6-11 <Forecast> 元件 render 天氣資訊*

```
import React, { Component } from "react";

import { Text, View, StyleSheet } from "react-native";

class Forecast extends Component {
  render() {
    return (
      <View style={styles.forecast}>
        <Text style=>
          {this.props.temp}° F
        </Text>
        <Text style=>
          {this.props.main}
        </Text>
      </View>
    );
  }
}

const styles = StyleSheet.create({ forecast: { alignItems: "center" } });

export default Forecast;
```

<Button> 元件

<Button> 元件是個可重用容器樣式元件，它提供被 <TouchableHighlight> 包裝並設定樣式過的 <Text> 元件。主要元件檔如範例 6-12，而相關的樣式則如範例 6-13。

範例 6-12 <Button> 元件提供被 <TouchableHighlight> 包裝樣式過 <Text> 元件

```
import React, { Component } from "react";

import { Text, View, TouchableHighlight } from "react-native";

import styles from "./style";

class Button extends Component {
  render() {
    return (
      <TouchableHighlight onPress={this.props.onPress}>
        <View style={[styles.button, this.props.style]}>
          <Text>
            {this.props.label}
          </Text>
        </View>
      </TouchableHighlight>
    );
  }
}

export default Button;
```

範例 6-13 <Button> 元件用的樣式

```
import { StyleSheet } from "react-native";

const styles = StyleSheet.create({
  button: { backgroundColor: "#FFDDFF", padding: 25, borderRadius: 5 }
});

export default styles;
```

<LocationButton> 元件

當按下 <LocationButton> 按鈕時，<LocationButton> 會取得使用者位置並喚起回呼函式。這個元件的主要 JavaScript 檔案內容如範例 6-14，它用的樣式在範例 6-15。

範例 6-14 *<LocationButton>* 元件

```javascript
import React, { Component } from "react";

import Button from "./../Button";
import styles from "./style.js";

const style = { backgroundColor: "#DDDDDD" };

class LocationButton extends Component {
  _onPress() {
    navigator.geolocation.getCurrentPosition(
      initialPosition => {
        this.props.onGetCoords(
          initialPosition.coords.latitude,
          initialPosition.coords.longitude
        );
      },
      error => {
        alert(error.message);
      },
      { enableHighAccuracy: true, timeout: 20000, maximumAge: 1000 }
    );
  }

  render() {
    return (
      <Button
        label="Use Current Location"
        style={style}
        onPress={this._onPress.bind(this)}
      />
    );
  }
}

export default LocationButton;
```

範例 6-15 *<LocationButton>* 元件使用的樣式

```javascript
import { StyleSheet } from "react-native";

const styles = StyleSheet.create({
  locationButton: { width: 200, padding: 25, borderRadius: 5 }
});

export default styles;
```

\<PhotoBackdrop\> 元件

\<PhotoBackdrop\> 元件有兩個版本。第一個在 GitHub 中的 *local_image.js* 中,如範例 6-16,這個版本使用簡單呼叫載入標準影像資產。第二個版本從使用者相機膠捲中選擇一張照片,如範例 6-17。

範例 *6-16 local_image.js* 中的原版,使用單一簡單呼叫

```
import React, { Component } from "react";

import { Image } from "react-native";

import styles from "./style.js";

class PhotoBackdrop extends Component {
  render() {
    return (
      <Image
        style={styles.backdrop}
        source={require("./flowers.png")}
        resizeMode="cover"
      >
        {this.props.children}
      </Image>
    );
  }
}

export default PhotoBackdrop;
```

範例 *6-17 src/smarter-weather/PhotoBackdrop/index.js* 以程式選擇相機膠捲中的影像

```
import React, { Component } from "react";

import { Image, CameraRoll } from "react-native";

import styles from "./style";

class PhotoBackdrop extends Component {
  constructor(props) {
    super(props);
    this.state = { photoSource: null };
  }

  componentDidMount() {
    CameraRoll.getPhotos({ first: 1 }).then(data => {
      this.setState({ photoSource: { uri: data.edges[3].node.image.uri } });
```

```
    }, error => {
      console.warn(error);
    });
  }

  render() {
    return (
      <Image
        style={styles.backdrop}
        source={this.state.photoSource}
        resizeMode="cover"
      >
        {this.props.children}
      </Image>
    );
  }
}

export default PhotoBackdrop;
```

兩種版本共用同樣的樣式表,如範例 6-18。

範例 6-18 兩個版本 <PhotoBackdrop> 都使用這個樣式表

```
import { StyleSheet } from "react-native";

export default StyleSheet.create({
  backdrop: {
    flex: 1,
    flexDirection: "column",
    width: undefined,
    height: undefined
  },
  button: { flex: 1, margin: 100, alignItems: "center" }
});
```

本章總結

在本章,我們修改了天氣 app,並學習 Geolocation、相機膠捲(CameraRoll)以及
AsyncStorage API,也學了如何將這些模組加入我們的程式碼中。

當 React Native 已支援目標平台 API,使用上簡直是易如反掌,但若是 React Native 不
支援,像是影像播放這種 API 或其他 JavaScript 還不能使用的函式庫或模組呢?在下一
章,我們要認真看一下怎麼處理這種情況。

模組與原生程式

Project with Native Code Required
這個小節的範例只適用於用 react-native-init 建立的專案，或是由
create-react-native-app 建立並升級（ejected）過的專案，請看附錄 C
有更多資訊。

在第六章中，我們看了一些 React Native 所提供、可以用來操作目標平台的 API，只不過這些 API 是內建在 React Native 中，所以使用起來很簡便。但是若我們要用的 API 在 React Native 中沒有支援怎麼辦？

在這一章，我們將會說明如何用 npm 安裝 React Native 社群開發的模組，也會仔細探討其中一個名為 react-native-video 的模組，然後學習 RCTBridgeModule 如何幫你將既有的 Object-C API 加入 JavaScript 介面。還會看到匯入純 JavaScript 函式庫到你的專案，並管理相依性。

雖然本章會看到一些 Objective-C 和 Java 的程式碼，但不用緊張！我們會慢慢的進行，iOS 和 Android 行動裝置開發的完整說明雖超出本書的範圍，不過我們還是會看一些例子。

用 npm 安裝 JavaScript 函式庫

在開始討論原生模組的動作原理之前，我們要先看一下一般是如何安裝外部套件。React Native 使用 npm 管理相依套件，其實 npm 是 Node.js 的套件管理，但 npm 註冊表可以供所有 JavaScript 專案使用，不限於只有 Node。npm 使用一個叫做 *package.json* 的檔案來儲存你專案的 metadata，其中包括所有相依套件。

讓我們從建立一個全新的專案開始：

```
react-native init Depends
```

建好新專案後，你的 *package.json* 看起來應如範例 7-11：

範例 7-1 Depends/package.json

```
{
  "name": "Depends",
  "version": "0.0.1",
  "private": true,
  "scripts": {
    "start": "node node_modules/react-native/local-cli/cli.js start",
    "test": "jest"
  },
  "dependencies": {
    "react": "16.0.0-alpha.12",
    "react-native": "0.45.1"
  },
  "devDependencies": {
    "babel-jest": "20.0.3",
    "babel-preset-react-native": "2.0.0",
    "jest": "20.0.4",
    "react-test-renderer": "16.0.0-alpha.12"
  },
  "jest": {
    "preset": "react-native"
  }
}
```

現在請注意，你專案最頂層的相依只有 react 和 react-native，讓我們加上其他的套件！

lodash 函式庫提供數個有幫助的工具函式，像是陣列用的 shuffle 函式，在安裝時用 --save 旗標，表示要將它加入我們的相依套件中。

```
npm install --save lodash
```

現在 *package.json* 應該被更新：

```
"dependencies": {
  "lodash": "^4.17.4",
  "react": "16.0.0-alpha.12",
  "react-native": "0.45.1"
}
```

如果你想在你的 React Native 專案中使用 lodash，現在可以用名稱匯入它：

```
import _ from "lodash";
```

讓我們用 lodash 印出一些隨機數字：

```
import _ from "lodash";
console.warn("Random number: " + _.random(0, 5));
```

可以用了！但其他的模組呢？npm install 這個方法對任何套件都適用嗎？

答案是肯定的，但有些要注意的地方。例如，任何用了 DOM 的方法都會失敗。由於許多套件都會有執行環境的前提假定，所以整合既有的套件需要一些技巧。但一般來說，你可以用 npm 管理任意 JavaScript 套件相依關係，如同用在其他的 JavaScript 專案時一樣。

安裝第三方原生程式碼元件

剛才已經看過如何加入外部的 JavaScript 函式庫，現在來用 npm 加入一個 React Native 元件。在這一節中，我們要以 react-native-video 當作主要範例，它是 react-native-community GitHub 專案中的一部分（*https://github.com/react-native-community*），這個專案是由一群高品質的 React Native 模組所組成。

react-native-video 元件被列在 npm 註冊表中（*https://www.npmjs.com/package/react-native-video*），所以我們可以藉 npm install 將它加入我們的專案：

```
npm install react-native-video --save
```

如果是做傳統的網頁開發，那現在就都完成了！react-native-video 已經可以使用，不過現在這個模組要用在 iOS 和 Android 平台上，所以還要多做一步：

```
react-native link
```

這行 react-native link 是做什麼的呢？這一個命令就是為了底層為 iOS 或 Android 時，進行修改。如果是 iOS，這命令可能會修改 *AppDelegate.m* 及 Xcode 的專案檔，而如果是 Android，可能會修改 *MainApplication.java*、*settings.gradle* 及 *build.gradle*。通常一個模組會在它的安裝說明中表示需要執行這個命令。

請注意，react-native link 命令只能搭配以 react-native init 建立的專案，或是由 create-react-native-app 建立並被 ejected 過的應用程式。將 create-react-native-app 專案升級為完整 React Native 專案的方法，可以參考 225 頁的 "從 Expo 做 Ejecting"。

如果你使用的不是自動生成的應用程式專案,將需要參考由模組作者寫的指引,手動更新你的專案檔。

現在我們已安裝好 react-native-video 模組,來測試一下吧!測試過程將需要一個任意的 MP4 檔案,我從 Flickr 上抓了一段公開的影片來用(*https://www.flickr.com/photos/michal_tuski/27831372885/*)。

React Native 中的 MP4 資產和影像資產一樣,你可以用以下的方法載入影片檔:

```
let warblerVideo = require("./warbler.mp4");
```

使用 Video 元件

用以下的方法將 <video> 元件匯入我們的 JavaScript 程式碼:

```
import Video from "react-native-video"
```

然後像平常一樣使用這個元件。這裡我將設定幾個選項:

```
<Video source={require("./warbler.mp4")} // 可以是一個 URL 或本地檔案
        rate={1.0}                        // 0 是暫停,1 是正常
        volume={1.0}                      // 0 是無聲,1 是正常
        muted={false}                     // 靜音
        paused={false}                    // 暫停
        resizeMode="cover"                // 依長寬比全螢幕顯示
        repeat={true}                     // 循環播放
        style={styles.backgroundVideo} />
```

好了!現在影片元件可以用了!而且在 iOS 和 Android 上都可以使用。

誠如所見,簡單的動作就可以匯入一個內含原生程式碼的第三方模組,許多在 npm 註冊表中的元件都是用固定的 react-native- 名稱開頭,查看一下社群做了哪些東西吧!

Objective-C 原生模組

現在要來看看如何安裝及使用含原生程式碼的模組,深入了解它是如何運作的,我們將從 Objective-C 的角度切入。

為 iOS 寫一個 Objective-C 原生模組

現在已經可以使用 react-native-video 模組,讓我們看看這類型的模組實際是如何運作的。

react-native-video 元件是 React 參照的一個原生模組（*http://bit.ly/1PVBCcZ*），React Native 文件中將原生模組定義為 "一個符合 RCTBridgeModule 協定的 Objective-C 類別"（RCT 是 ReaCT 的簡稱）。

編寫 Objective-C 程式碼並不是使用 React Native 標準過程中的一部分，所以不要緊張——它不是必備的技能！但具備這樣的背景知識，對一個不打算（或尚未）自行實作原生模組的人，仍然有很大的幫助。

如果你從未寫過 Objective-C，很多語法可能會讓你覺得困擾。不過沒關係！我們會慢慢來，從寫一個基本的 "Hello,World" 模組開始。

Objective-C 類別通常有個副檔名為 *.h* 的標頭檔，裡面包含一個類別的介面宣告，實際的程式碼實作將存在一個 *.m* 檔中。讓我們從寫 *HelloWorld.h* 檔開始，如範例 7-2。

範例 7-2 HelloWorld.h

```
#import <React/RCTBridgeModule.h>

@interface HelloWorld : NSObject <RCTBridgeModule>
@end
```

這個檔案是做什麼的呢？第一行是匯入 RCTBridgeModule 的標頭檔。（請注意，# 符號並不是註解，而是屬於 import 述句的一部分。）然後接著下一行，我們宣告了 HelloWorld 類別繼承自 NSObject 及實作 RCTBridgeModule 介面，並且最後以 @end 結束介面宣告。

由於歷史背景的關係，許多 Objective-C 的基本型別名稱都以 NS 前贅（例如 NSString、NSObject 等）。

接下來要看實作的部分（範例 7-3）。

範例 7-3 HelloWorld.m

```
#import "HelloWorld.h"
#import <React/RCTLog.h>

@implementation HelloWorld

RCT_EXPORT_MODULE();

RCT_EXPORT_METHOD(greeting:(NSString *)name)
{
  RCTLogInfo(@"Saluton, %@", name);
}

@end
```

在 .m 檔中，你要匯入剛才的 .h 標頭檔，所以第一行就是做這件事。另外還匯入 *RCTLog.h*，以便叫用 RCTLogInfo 將訊息等記錄到終端機裡。當你在 Objective-C 裡想要匯入其他的類別時，永遠都要引入它的標頭檔，而不是 .m 檔。

@implementation 以及 @end 這兩行用來表示其中間包夾的程式就是 HelloWorld 類別的實作。

其他行則負責讓這個類別成為 React Native 模組，RCT_EXPORT_MODULE() 是一個特殊的 React Native 巨集，其功能是讓這個類別可以被 React Native 橋接存取。同樣地，定義 greeting:name 方法的前面有一個 RCT_EXPORT_METHOD，這個巨集用來讓一個方法得以匯出到我們的 JavaScript 程式碼中。

請注意，Objective-C 模組的定義命名是用一種很怪的語法做的，每個參數名稱都要在方法名稱之中。React Native 的 JavaScript 名稱習慣是取 Objective-C 名稱到第一個冒號為止，所以 greeting:name 在 JavaScript 變成 greeting。若你想要，也可以使用 RCT_REMAP_METHOD 巨集重新改過這個名稱。

現在，你也許注意到這些檔案在你的 Xcode 專案中並不存在（圖 7-1）。

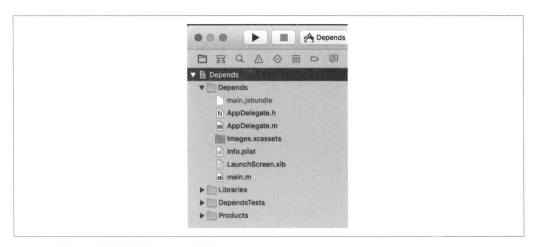

圖 7-1 還沒匯入新檔案前的 Xcode 專案

我們要將這些檔案加到專案之中，才能進入應用程式建置。你可以用 File->Add Files to "Depends" 加入檔案（圖 7-2）。

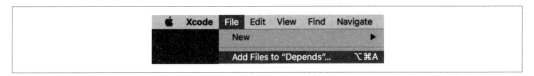

圖 7-2 Xcode 中的 Add File 選單

將 *HelloWorld.m* 和 *HelloWorld.h* 加入專案（圖 7-3）。

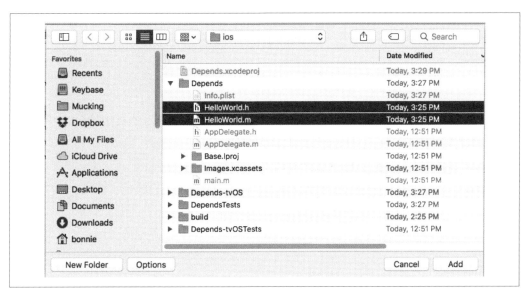

圖 7-3 將 HelloWorld.m 和 HelloWorld.h 加入專案

現在你可以看到兩個檔案都已在 Xcode 專案內（圖 7-4）。

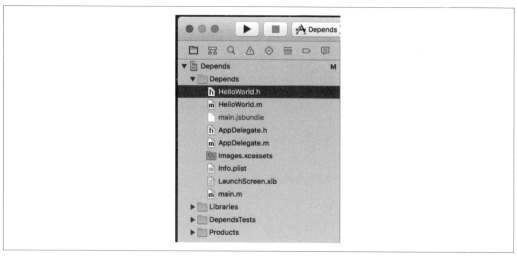

圖 7-4 更新後的專案檔案樹

HelloWorld 檔案已經匯入，可以在我們的 JavaScript 程式碼中使用 HelloWorld 模組了（範例 7-4）。

範例 7-4 在 JavaScript 程式碼使用 HelloWorld 模組

```
import { NativeModules } from "react-native";
NativeModules.HelloWorld.greeting("Bonnie");
```

無論你選用 Xcode 或 Chrome 開發者工具，輸出訊息都會顯示在端終機中（圖 7-5）。

圖 7-5 端終機輸出，圖中是 Xcode 介面

注意到引入原生模組的語法很囉嗦了嗎？一般解決的方法是在 JavaScript 模組中對原生模組進行包裝（範例 7-5）。

範例 7-5 HelloWorld.js：將 HelloWorld 原生模組做 JavaScript 包裝

```
import { NativeModules } from "react-native";
export default NativeModules.HelloWorld;
```

包裝過後，匯入的語法就變簡潔了：

```
import HelloWorld from "./HelloWorld";
```

HelloWorld.js 這個 JavaScript 檔案，是你的模組中添加 JavaScript 端功能的好地方。

呼～ Objective-C 看起來很囉嗦，而且又必須要持續追蹤幾個不同的檔案，但還是恭禧你幫自己的 Objective-C 模組完成了 "Hello, World"！

回顧一下 Objective-C 模組要依序做以下的幾件事，才能在 React Native 中使用：

- 引入 RCTBridgeModule 標頭檔
- 將你的模組宣告為實作 RCTBridgeModule 介面
- 呼叫 RCT_EXPORT_MODULE() 巨集
- 至少有一個方法用 RCT_EXPORT_METHOD 巨集匯出

原生模組可以使用 iOS SDK 提供的任意 API。（請注意，你提供給 React Native 用的 API 必須是非同步的）Apple 為 iOS SDK 提供的延伸文件中有許多第三方資源。另外，你的開發者授權在此處很好用——如果沒有，很難存取這裡所說的 SDK 文件。

現在我們已完成基本的 "Hello, World"，接下來要看看 react-native-video 是如何被實作的。

iOS 上的 react-native-video

和 HelloWorld 模組一樣，RCTVideo 是一個原生模組，它也實作 RCTBridgeModule 協定。你 可 以 在 react-native-video 的 GitHub repository（*https://github.com/react-native-community/react-native-video*）中看到完整的 RCTVideo 程式碼，我們接下來要看的是 1.0.0 版本。

react-native-video 基本上就是把 iOS SDK 中的 AVPlayer API 再包裝過。讓我們仔細看一下它是怎麼包裝的，從 JavaScript 進入點 *Video.ios.js* 這個檔案開始。

我們可以看到 react-native-video 為原生元件 RCTVideo 提供一層薄薄的包裝，RCTVideo 負責執行一些屬性正規化以及一點額外的 render 工作，然後等著被匯入使用：

```
const RCTVideo = requireNativeComponent('RCTVideo', Video, {
  nativeOnly: {
    src: true,
    seek: true,
    fullscreen: true,
  },
});
```

如我們在 HelloWorld 範例中看到的一樣，iOS 的 RCTVideo 元件也一定要從 Objective-C 匯出。所以，讓我們看看 *ios/RCTVideo.h*（*https://github.com/react-native-community/react-native-video/blob/1.0.0/ios/RCTVideo.h*）：

```
// RCTVideo.h
#import <React/RCTView.h>
#import <AVFoundation/AVFoundation.h>
#import "AVKit/AVKit.h"
#import "UIView+FindUIViewController.h"
#import "RCTVideoPlayerViewController.h"
#import "RCTVideoPlayerViewControllerDelegate.h"

@class RCTEventDispatcher;

@interface RCTVideo : UIView <RCTVideoPlayerViewControllerDelegate>
@property (nonatomic, copy) RCTBubblingEventBlock onVideoLoadStart;
// ...
// ... 此處省略其它屬性 ...
// ...

- (instancetype)initWithEventDispatcher:
  (RCTEventDispatcher *)eventDispatcher NS_DESIGNATED_INITIALIZER;

- (AVPlayerViewController*)createPlayerViewController:
    (AVPlayer*)player withPlayerItem:(AVPlayerItem*)playerItem;

@end
```

這一次不是繼承 NSObject，RCTVideo 改為繼承 UIView，這是因為它將會 render 出一個 view 元件。

如果我們看它的實作檔 *RCTVideo.m*（*https://github.com/react-native-community/react-native-video/blob/1.0.0/ios/RCTVideo.m*），裡面有**一堆**東西，放在最上面的是實例變數，用來保存音量、播放速度和 AVplayer：

```
- (AVPlayerViewController*)
    createPlayerViewController: (AVPlayer*)player
    withPlayerItem:(AVPlayerItem*)playerItem
  {
    RCTVideoPlayerViewController* playerLayer =
      [[RCTVideoPlayerViewController alloc] init];
    playerLayer.showsPlaybackControls = NO;
    playerLayer.rctDelegate = self;
    playerLayer.view.frame = self.bounds;
    playerLayer.player = _player;
    playerLayer.view.frame = self.bounds;
    return playerLayer;
  }
```

其他還有很多東西，例如計算影片播放時間、載入影片及將它設定為來源等等功能，請隨興的逛一下這些方法，看看它們用來作什麼。

另外一個部分是 RCTVideoManager。為了要建立具備原生的 UI 元件，而不是單純的元件，所以需要 view 管理者。如它的名字一樣，當 view 負責 render 邏輯和其他工作時，view 管理者負責處理其他的事情（事件處理、屬性匯出等等）。一個 view 管理者至少必須要具有：

- 繼承自 RCTViewManager
- 使用 RCT_EXPORT_MODULE 巨集
- 實作 -(UIView *)view 方法

view 方法必須回傳一個 UIView 實例。在範例中，我們可以看到它實例化一個 RCTVideo，並回傳該 RCTVideo。

```
- (UIView *)view
{
  return [[RCTVideo alloc]
    initWithEventDispatcher:self.bridge.eventDispatcher];
}
```

RCTVideoManager 還匯出一些屬性和常數：

```
#import "RCTVideoManager.h"
#import "RCTVideo.h"
#import <React/RCTBridge.h>
#import <AVFoundation/AVFoundation.h>

@implementation RCTVideoManager
```

```
RCT_EXPORT_MODULE();

@synthesize bridge = _bridge;

- (UIView *)view
{
  return [[RCTVideo alloc]
    initWithEventDispatcher:self.bridge.eventDispatcher];
}

- (dispatch_queue_t)methodQueue
{
    return dispatch_get_main_queue();
}

RCT_EXPORT_VIEW_PROPERTY(src, NSDictionary);
RCT_EXPORT_VIEW_PROPERTY(resizeMode, NSString);
RCT_EXPORT_VIEW_PROPERTY(repeat, BOOL);
RCT_EXPORT_VIEW_PROPERTY(paused, BOOL);
RCT_EXPORT_VIEW_PROPERTY(muted, BOOL);
RCT_EXPORT_VIEW_PROPERTY(controls, BOOL);
RCT_EXPORT_VIEW_PROPERTY(volume, float);
RCT_EXPORT_VIEW_PROPERTY(playInBackground, BOOL);
RCT_EXPORT_VIEW_PROPERTY(playWhenInactive, BOOL);
RCT_EXPORT_VIEW_PROPERTY(rate, float);
/* ... 此處省略其他 RCT_EXPORT_VIEW_PROPERTY... */

- (NSDictionary *)constantsToExport
{
  return @{
    @"ScaleNone": AVLayerVideoGravityResizeAspect,
    @"ScaleToFill": AVLayerVideoGravityResize,
    @"ScaleAspectFit": AVLayerVideoGravityResizeAspect,
    @"ScaleAspectFill": AVLayerVideoGravityResizeAspectFill
  };
}

@end
```

RCTVideo 和 RCTVideoManager 兩者合併起來就是 RCTVideo 原生 UI 元件，我們就可以自由的在應用程式用使用了。如你所見，雖然撰寫一個原生模組並不容易，但也不是不可克服的。若之前有 iOS 開發經驗，在這裡有很大的幫助，本書雖然不會探討 iOS 開發的部分，但藉由查看其他人所做的原生模組—即使你沒有寫過 Objective-C，還是可以開始進一步瞭解如何進行原生模組開發。

Java 原生模組

Android 上原生模組的作法和 iOS 上相似，你可以在 Android 原生模組文件（*http://bit.ly/1kQ3STm*）中找到更多資訊。

如同 iOS 一樣，如果你為 Android 安裝含原生程式的模組，需要在把模組加入 *package.json* 檔後執行 react-native link 命令。

寫一個 Android 的 Java 原生模組

為了要更了解 Java 原生模組是如何運作的，所以我們要自己寫一個。如同前面使用 Objective-C 時，從寫簡單的 "Hello, World" 模組開始。

一開始是為 HelloWorld 套件建立目錄，將這個目錄放在 *MainActivity.java* 同一層。Android 專案通常有很深的巢式結構！但目錄結構往往因為不同版本的 Android 和 React Native 而有所差異，所以須留意將你的新目錄和 *MainActivity.java* 放在同一層即可。

```
mkdir android/app/src/main/java/com/depends/helloworld
```

現在將 *HelloWorldModule.java* 放進該目錄中，檔案內容如範例 7-6。

範例 *7-6 helloworld/HelloWorldModule.java*

```java
package com.depends.helloworld;

import android.util.Log;
import com.facebook.react.bridge.ReactContextBaseJavaModule;
import com.facebook.react.bridge.ReactApplicationContext;
import com.facebook.react.bridge.ReactMethod;

public class HelloWorldModule extends ReactContextBaseJavaModule {
  public HelloWorldModule(ReactApplicationContext reactContext) {
    super(reactContext);
  }

  @Override
  public String getName() {
    return "HelloWorld";
  }

  @ReactMethod
  public void greeting(String message) {
    Log.e("HelloWorldModule", "Saluton, " + message);
  }
}
```

樣板內容還蠻多的,讓我們一行行看。

首先是宣告套件述句:

```
package com.depends.helloworld;
```

這個述句是依檔案的目錄位置所寫成。

接著要匯入數個 React Native 專用檔,還有 *android.util.Log*。你自己寫的模組也要引入一樣的 React Native 檔案。

然後是宣告 HelloWorldModule 類別,它被宣告為 public,表示可以被外部檔案使用;還有宣告為繼承 ReactContextBaseJavaModule,代表它從 ReactContextBaseJavaModule 繼承了方法。

```
public class HelloWorldModule extends ReactContextBaseJavaModule { ... }
```

這裡實作了三個方法:HelloWorldModule、getName 以及 greeting。

在 Java 中,若一個方法和類別名稱相同,則這個方法被稱為**建構子**(*constructor*)。HelloWorldModule 就是一個例子,我們可以藉由呼叫 super(reactContext) 來喚起建構子 ReactContextBaseJavaModule 執行。

之後我們從 JavaScript 用什麼名稱來存取這個模組是由 getName 方法決定,所以要確認回傳名稱正確!在範例中,我們將名稱定為 "HelloWorld."。請注意,我們用了一個 @Override 修飾子,這使得你之後寫的模組都要實作自己的 getName 方法。

最後,greeting 是我們自己的方法,是希望能在 JavaScript 中使用我們加入 @ReactMethod 修飾字,讓 React Native 知道這個方法要被匯出。然後為了要知道 greeting 有被呼叫,所以呼叫 log.e 如下:

```
Log.e("HelloWorldModule", "Hello, " + name);
```

Android 中的 Log 物件有不同的訊息層級,三個最常用的是 INFO、WARN 和 ERROR,分別對應 Log.i、Log.w 以及 Log.e。每個方法都有兩個參數:訊息的 "標籤(tag)" 及訊息本身。標準作法是以類別名稱當作標籤,詳情請見 Android 的官方文件(http://bit.ly/1MxTUiq)。

我們還要建立一個套件檔來包裝這個模組(範例 7-7),所以我們可以在建置時引用這個檔。這個檔要跟 *HelloWorldModule.java* 放在同一個目錄中。

範例 7-7 helloworld/HelloWorldPackage.java

```java
package com.depends.helloworld;

import com.facebook.react.ReactPackage;
import com.facebook.react.bridge.JavaScriptModule;
import com.facebook.react.bridge.NativeModule;
import com.facebook.react.bridge.ReactApplicationContext;
import com.facebook.react.uimanager.ViewManager;

import java.util.ArrayList;
import java.util.Collections;
import java.util.List;

public class HelloWorldPackage implements ReactPackage {
  @Override
  public List<NativeModule>
    createNativeModules(ReactApplicationContext reactContext) {
    List<NativeModule> modules = new ArrayList<>();
    modules.add(new HelloWorldModule(reactContext));
    return modules;
  }

  @Override public List<ViewManager>
    createViewManagers(ReactApplicationContext reactContext) {
    return Collections.emptyList();
  }
}
```

這檔案多數內容來自樣板，由於 HelloWorld 在同一個套件中（com.depends. helloworld），所以我們不需要匯入 HelloWorld 就可以使用了。我們要實作兩個方法：createNativeModules 以及 createViewManagers。React Native 使用這兩個方法匯出模組。

我們的原生模組不用處理原生的 view 或 UI 元件，所以 createViewManagers 回傳一個空串列即可，而 createNativeModules 回傳含有 HelloWorld 實例的串列。

最後，要將在 *MainApplication.java* 中加入套件，匯入套件檔：

```java
import com.depends.helloworld.HelloWorldPackage;
```

然後將 HelloWorldPackage 加到 getPackages() 中：

```java
protected List<ReactPackage> getPackages() {
  return Arrays.<ReactPackage>asList(
      new MainReactPackage(),
      new ReactVideoPackage(),
```

```
        new HelloWorldPackage()
    );
  }
```

如同 Objective-C 模組一樣，我們的 Java 模組也是透過 React.NativeModules 物件使用，所以如果要在我們的應用程式中呼叫 greeting() 方法，就是：

```
import { NativeModules } from "react-native";
NativeModules.HelloWorld.greeting("Bonnie");
```

讓我們過濾一下訊息並查看，在你的專案 root 處執行以下命令：

```
adb logcat
```

你需要重新啟動應用程式，才能看到訊息輸出。

```
react-native run-android
```

圖 7-6 顯示你會在 shell 中看到的輸出訊息。

```
10-11 14:01:45.081   2335   2369 I HelloWorld: Hello, Bonnie
10-11 14:01:45.081   2335   2369 I HelloWorld: Hello, Bonnie
```

圖 7-6　從 logcat 看到的輸出

現在我們已用 Java 編寫了 "Hello,World" 範例。接下來看看 Android 上的 react-native-video 實作。

Java 的 react-native-video

Android 上的 react-native-video 基本上就是將 MediaPlayer API 包裝過南主要由三個檔案構成：

- *ReactVideoView.java*

- *ReactVideoPackage.java*

- *ReactVideoViewManager.java*

ReactVideoPackage.java 檔案內容如範例 7-18，看起來和 *HelloWorldPackage.java* 非常相似。

範例 *7-8 ReactVideoPackage.java*

```java
package com.brentvatne.react;

import android.app.Activity;

import com.facebook.react.ReactPackage;
import com.facebook.react.bridge.JavaScriptModule;
import com.facebook.react.bridge.NativeModule;
import com.facebook.react.bridge.ReactApplicationContext;
import com.facebook.react.uimanager.ViewManager;

import java.util.Arrays;
import java.util.Collections;
import java.util.List;

public class ReactVideoPackage implements ReactPackage {

    @Override
    public List<NativeModule> createNativeModules(
      ReactApplicationContext reactContext) {
        return Collections.emptyList();
    }

    @Override
    public List<ViewManager> createViewManagers(
      ReactApplicationContext reactContext
    ) {
        return Arrays.<ViewManager>asList(
          new ReactVideoViewManager()
        );
    }
}
```

和 HelloWorldPackage 主要的差異是 ReactVideoPackage 從 createVideoManagers 回傳 ReactVideoViewManager，而 HelloWorldPackage 的 createNativeModules 回傳 HelloWorld。這兩者的差別是什麼呢？

在 Android 上，任何原生 render 的 view 都是由 ViewManager 建立和控制（更具體一點，是繼承自 ViewManager 的類別）。由於 ReactVideoView 是一個帶 UI 的元件，所以我們需要回傳一個 ViewManage。React Native 的原生 Android UI 元件文件（*https://facebook.github.io/react-native/docs/native-components-android.html*）中，對於匯出原生模組（例如不 render 的 Java 程式碼）以及帶 UI 的元件之間的差異有更多的說明。

讓我們接著看 *ReactVideoViewManager.java*，它是蠻長的一個檔案：你可以在 react-native-linear-gradient 的 GitHub repository（*http://bit.ly/RVVMFull*）中看到完整檔案內容，下面範例 7-9 是縮減版本。

範例 7-9 *ReactVideoViewManager.java* 縮減版

```java
public class ReactVideoViewManager
  extends SimpleViewManager<ReactVideoView> {

    public static final String REACT_CLASS = "RCTVideo";

    public static final String PROP_VOLUME = "volume";
    public static final String PROP_SEEK = "seek";
    /** 這裡省略其它 props ... **/

    @Override
    public String getName() {
        return REACT_CLASS;
    }

    @Override
    protected ReactVideoView createViewInstance(
      ThemedReactContext themedReactContext
    ) {
        return new ReactVideoView(themedReactContext);
    }

    @Override
    public void onDropViewInstance(ReactVideoView view) {
        super.onDropViewInstance(view);
        view.cleanupMediaPlayerResources();
    }

    /** 這裡省略其它方法 ... **/

    @ReactProp(name = PROP_VOLUME, defaultFloat = 1.0f)
    public void setVolume(
      final ReactVideoView videoView,
      final float volume
    ) {
        videoView.setVolumeModifier(volume);
    }

    @ReactProp(name = PROP_SEEK)
    public void setSeek(
```

```
        final ReactVideoView videoView,
        final float seek
    ) {
        videoView.seekTo(Math.round(seek * 1000.0f));
    }
}
```

程式碼中要注意幾個點。

第一個是 getName 的實作，如我們的 HelloWorld 範例一樣，必須實作 getName 才能在 JavaScript 中參照到這個原件。

下一個要注意的是 setVolume 方法，以及 @ReactProp 修飾字的使用。此處我們會宣告 <Video> 元件有一個叫做 volume 的屬性（其值為 PROP_VOLUME），而該屬性值被改變時，setVolume 會被呼叫。在 setVolume 中，我們會查看底下的 view 是否存在；如果存在，傳遞音量即可進行更新。其他很多在 ReactVideoViewManager 中的方法，也都使用同一個邏輯運作。

最後，ReactVideoViewManager 在 createViewInstance 中處理實際建立 view 的動作。

為了要有效率的撰寫原生 Android 元件，你將需要瞭解 Android 是如何控制 view，從 React Native 元件開始瞭解是一個好的開始。

跨平台原生模組

可以寫出跨平台的原生模組嗎？

答案是可以；你只要為每個平台寫好實作模組，然後為它們做統一的 JavaScript 介面即可。撰寫跨平台的模組，對於平台最佳化處理及最大程式碼利用率是有幫助的。

建立一個跨平台原生模組不需要太多額外的設定，只要你已實作 iOS 和 Android 版本的原生模組後，建立一個含有 *index.ios.js* 和 *index.android.js* 檔案的目錄。每個版本都要匯出對應的原生模組，然後你就可以匯入該目錄，React Native 會幫你挑出對應目標平台的版本。

React Native 不會強迫 iOS 和 Android 的模組 API 介面要一致，所以要不要一致這個決定在於你。如果你的 iOS 和 Android 版本 API 有些不同，那也是沒問題的。

本章總結

何時適合使用原生 Objective-C 或 Java 程式碼呢？何時又是使用第三方模組或函式庫的時機呢？一般來說，有三個應用情況適合考慮撰寫原生模組：為了要利用既有的 Objective-C 或 Java 程式碼；為了要有高執行效率、多執行緒版本，例如圖形處理功能；現有的 React Native 還不支援的 API。

若原先已有 Objective-C 或 Java 的行動裝置專案，則改用 React Native 時，撰寫原生模組的方法是一個現有程式碼重用的好解法。雖然討論混血應用程式有點偏離本書的主旨，但是它們是一個有彈性的作法，而且你還可以利用原生模組在 JavaScript、Objective-C 和 Java 間共享程式碼。

同樣地，如果碰到非常看重效能特定功能，讓這個功能在目標平台原生語言上面運作也很合理。這種情況下，你可以把吃重的工作在 Objective-C 或 Java 內執行完，再把結果回傳給 JavaScript 應用程式就好。

最後，如果你想用的平台 API 沒有被 React Native 支援，無可避免的就要進行原生模組實作。遇到沒有支援的情況時，你有兩個選項，第一個是到社群上期待某人已經解決過同一個問題，另外一個就是你自己解法解決。希望你解決完以後也可以將你的解法貢獻給社群！有能力寫原生模組，也代表你不需要仰賴 React Native 核心團隊，就能自行好好利用目標平台的功能。

即使你從未做過 iOS 或 Android 的開發，而你打算使用 React Native 進行開發，學習 Objective-C 或 Java 的知識也是一個十分好的主意。如果你在使用 React Native 時撞牆，能解自己試圖去解決問題，是一個無價的資產，所以不要害怕去嘗試！

在你開發自己的 React Native 應用程式時，React Native 社群以及廣大的 JavaScript 生態圈是十分有價質的資源，請試著和別人合作，並在需要協助時請求別人的幫助。

特定平台程式碼

在第七章我們分別討論了在 Java 和 Objective-C 上如何撰寫原生模組，這帶起了兩個問題：第一個是，所有的 React Native 元件都有實作 iOS 和 android 兩個版本嗎？應該都要有嗎？還有另外一個問題是，如果只有特定平台支援的功能，你的程式碼要如何處理呢？

不是所有的元件在所有平台上都支援，也不是所有裝置的互動模式都一樣。這並不代表不能在你的應用程式使用特定平台程式碼！在這一節中，我們會談到特定平台介面和實作，以及如何將特定平台元件程式碼放到你的跨平台應用程式中。

 在 React Native 中寫跨平台程式碼，並不是種不能妥協的事情：應用程式用可以混用跨平台以及指定平台程式碼，我們將在這一節中說明如何做到。

只支援 iOS 或 Android 的元件

有些元件只有在特定平台才能使用，包括 `<TabBarIOS>` 或 `<ToolbarAndroid>`，它們只能在特定平台使用的原因，是因為包裝了某些平台才支援的 API。對於一些元件來說，硬要做出無論哪個平台都能用的版本，並不是很合理。舉例來說，`<ToolbarAndroid>` 元件所匯出的 view 類別 API，在 iOS 中根本就不存在。

特定平台元件都被加上支援平台的後贅字：`IOS` 或是 `Android`。如果你試圖在不對的平台上引用，你的應用程式就會掛掉。

元件也可以有針對特定平台的屬性，這些屬性在文件中會有個小標記表示適用的平台。舉例來說，`<TextInput>` 有些屬性是不分平台的，而有另外一些屬性區分 iOS 或 Android 使用（圖 8-1）。

ios **maxLength** number

Limits the maximum number of characters that can be entered. Use this instead of implementing the logic in JS to avoid flicker.

android **numberOfLines** number

Sets the number of lines for a TextInput. Use it with multiline set to true to be able to fill the lines.

圖 8-1 `<TextInput>` 中標記 Android 或 iOS 適用屬性

特定平台元件實作

所以，你到底要如何在跨平台的應用程式中對付這些特定平台才能用的元件或屬性呢？好消息是你仍然可以使用這些元件，只要藉由在特定平台才支援的元件中引用它們，就可以在目前 app 執行的平台上正確的 render 出適當的內容。

 指定平台元件就只能在指定的平台上動作。舉例來說，`<ToolbarAndroid>` 就只能在 Android 上用。藉由不同的**實作**，一個指定平台元件或許可以在數個平台上做出不同的行為。

一個常見的做法是用一個父元件包裝指定平台的特定行為，然後再轉為統一的 API 介面。這樣的做法對 navigation 用的 UI 元素很有意義，因為這種元素在 iOS 和 Android 上的互動行為差異很大。

在這一節中，我們將討論如何在你的元件上實作指定平台行為。

使用指定平台副檔名

還記得 React Native 應用程式是從 *index.ios.js* 或 *index.android.js* 檔開始啟動的吧？這種命名習慣可以用在任何元件檔案上，這樣命名代表該元件適用 Android 或 iOS。

範例 8-1 是 Android 上一個能顯示彈出訊息簡單元件的實作。

範例 8-1 Newsflash.android.js

```javascript
import React from "react";
import { StyleSheet, Text, View, Alert } from "react-native";

export default class App extends React.Component {
  componentDidMount() {
    Alert.alert("Hey!", "You're on Android.");
  }

  render() {
    return (
      <View style={styles.container}>
        <Text>
          What? I didn't say anything.
        </Text>
      </View>
    );
  }
}

const styles = StyleSheet.create({
  container: {
    flex: 1,
    backgroundColor: "#fff",
    alignItems: "center",
    justifyContent: "center"
  }
});
```

範例 8-2 是它的 iOS 版本。

範例 8-2 *Newsflash.ios.js*

```javascript
import React from "react";
import { StyleSheet, Text, View, Alert } from "react-native";

export default class App extends React.Component {
  componentDidMount() {
    Alert.alert("Hey!", "You're on iOS.");
  }

  render() {
    return (
      <View style={styles.container}>
        <Text>
          What? I didn't say anything.
        </Text>
      </View>
    );
  }
}

const styles = StyleSheet.create({
  container: {
    flex: 1,
    backgroundColor: "#fff",
    alignItems: "center",
    justifyContent: "center"
  }
});
```

範例 8-2 看起來和 8-1 幾乎一模一樣,而且實作一樣的 API。這些檔案需要放在同一個目錄中。

要匯入元件,就這樣做:

```javascript
import Newsflash from "./Newsflash";
```

請注意,我們沒寫副檔名,React Native 套件管理會查出與平台的匹配副檔名。在 iOS 上,它會載入 *Newsflash.ios.js*(見圖 8-2);而在 Android 上,它會載入 *Newsflash. android.js*。

現在我們有跨平台的元件,在 iOS 和 Android 上都適用,依執行目標平台不同,就會 render 出不同的結果。

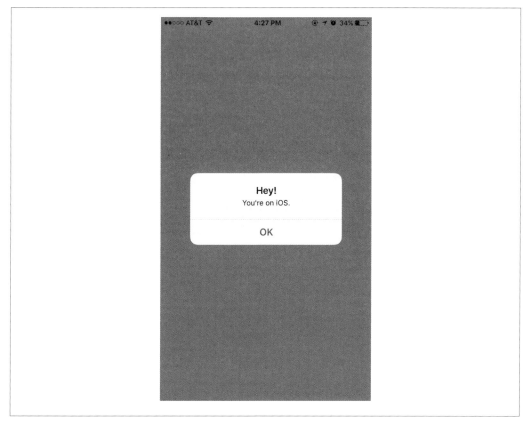

圖 8-2 iOS 上用的 Newsflash 元件

使用平台模組

對付平台專用程式碼的第二個選擇：就是用 Platform 模組。這個 API 提供你的應用程式目前正在哪個平台作業系統資訊上執行以及該作業系統版本。

```
import { Platform } from "react-native";

console.log("What OS am I using?");
console.log(Platform.OS);

console.log("What version of the OS?");
console.log(Platform.Version); // 例如：Android Nougat 是 25
```

這種 Platform API 適用於依據目前平台不同，只進行幾個元素調整的情況，但如果想寫一整個獨立的元件實作就不行了。常用於樣式表，例如你想根據不同平台做不同的調色樣式。

```
import { Platform, StyleSheet } from "react-native";

const styles = StyleSheet.create({
  color: (Platform.OS === "ios") ? "#FF6666" : "#DD4444",
});
```

何時使用指定平台元件？

何時是使用指定平台元件的好時機呢？多數情況下，在想要遵循指定平台的互動模式時使用。如果你想要你的應用程式用起來很 "自然"，就值得使用指定平台元件。

Apple 和 Google 都有為它們各自平台提供人機介面的指引文件，很值得參考：

- iOS Human Interface Guidelines（*http://bit.ly/designing_for_ios*）
- Android Design Reference（*http://bit.ly/android_design_reference*）

藉由製做少數幾個指定平台版本元件，你就可以在程式碼重用和平台特性上取得平衡。在大多數情況，想要同時支援 iOS 和 Android，你應該也只需要實作少數幾個元件即可。

除錯和開發工具

當你開發自己的應用程式時，應該都會碰到執行不如預期的情況，此時就要對程式進行除錯，還好我們有一些 React Native 專用的工具，讓除錯的工作變的簡單些。不過還是有些 bug 會出現在 React Native 和平台互動的過程之中。在這一章中，我們會深入研究 React Native 開發過程中常見的陷阱，以及你可以用來對付它們的工具。由於除錯的討論必須搭配測試作參考，所以我們也會談到如何為 React Native 程式碼做基本的自動測試設定。

JavaScript 除錯實務、說明

當用 React 開發網頁時，我們會有數個以 JavaScript 為基礎、常見可幫助應用程式除錯的工具和技巧。雖然可能有些小調整，不過它們多數也可以用於 React Native 上。終端機、除錯器及 React 開發工具，都是我們已經習慣使用的工具，所以用來除錯 React Native 中 JavaScript 的問題，應該不會感到陌生。

啟動開發者設定

你必須在 App 中的開發者選單（圖 9-1）裡，選擇啟動 ChromeDeveloper Tools 後，才能使用這些除錯工具，你可以透過搖晃裝置來讓選單出現。在 iOS 模擬器中，你可以藉由按下 Command+D 來讓選單出現；在 Android 模擬器中，你可以按下 Command+M（若是 Mac）或是 Control+M（若是 Windows）讓選單出現。在此處你可以在 Chrome 中選擇 Debug，以啟動 Chrome Developer Tools。

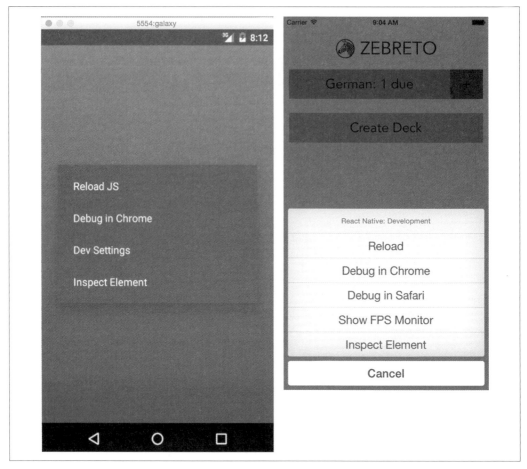

圖 9-1 在 App 中開發者選單，左側是 Android 右側是 iOS

請注意，開發者選單在量產版預設是關閉的。

如果你使用 Expo App（Create React Native App 搭配使用的那個 app），打開 Expo 的開發者選單的方法也一樣（如圖 9-2）。

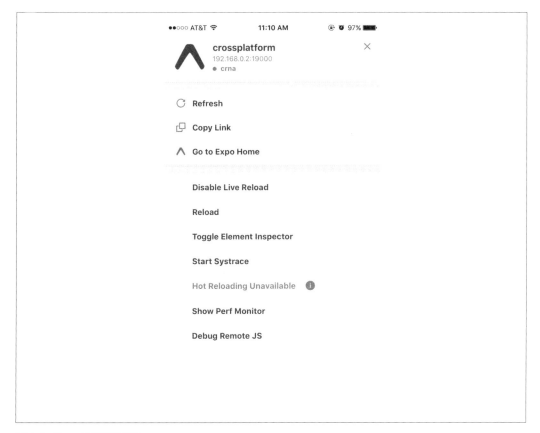

圖 9-2 Expo 開發者選單

利用 console.log 除錯

最基本、最常見的除錯方法就是"把發生什麼都印出來看看"。對許多網頁開發者而言，能夠加入 console.log 到我們的程式碼，幾乎已是個本能的動作了。

在 React Native 中可直接使用 JavaScript 的終端機，你不需要為 print 述句做任何額外的設定。

當使用 Xcode 時，你會看到你的終端機述句輸出到 Xcode 終端機中（圖 9-3）。請注意你可以透控制 Xcode 窗格的大小，以調整終端機的可視空間。

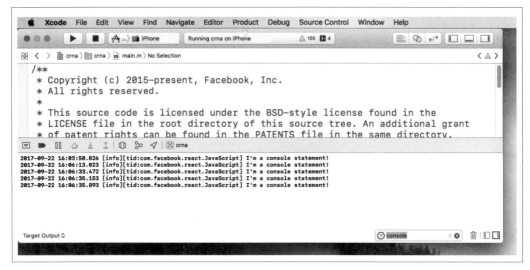

圖 9-3 Xcode 中終端機輸出

在 Android 也一樣，你可以從專案的 root 執行 logcat 來看到你 device 的訊息（圖 9-4 是輸出訊息）。

```
adb logcat
```

```
10-11 20:12:10.139  2070  2085 E Surface : getSlotFromBufferLocked: unknown buffer: 0xab751700
10-11 20:12:10.368  1282  1301 W AppOps  : Finishing op nesting under-run: uid 10058 pkg com.androiddepends code 24 time=0 duration=0 nesting=0
10-11 20:12:10.440  2070  2104 W ReactNativeJS: 'Warning: Native component for "RCTModalHostView" does not exist'
10-11 20:12:10.528  2070  2104 D ReactNativeJS: 'Running application "AndroidDepends" with appParams: {"initialProps":{},"rootTag":1}. __DEV__ === true, devel
opment-level warning are ON, performance optimizations are OFF'
10-11 20:12:10.529  1282  1293 W InputMethpdManagerService: Window already focused, ignoring focus gain of: com.android.internal.view.IInputMethodClient$Stub$
Proxy@c707531 attribute=null, token = android.os.BinderProxy@e14a28e
10-11 20:12:10.542  2070  2104 D ReactNativeJS: 'CONSOLE.LOG IN LOGCAT'
```

圖 9-4 logcat 中標記 tag 為 "ReactNativeJS" 的終端機訊息輸出

但是，這些訊息看起來很亂，其中還包括平台的訊息。我們可以讓終端機只輸出包含 ReactNativeJS 的訊息：

```
adb logcat | grep ReactNativeJS
```

跳到使用瀏覽器為基礎的開發者工具，可以得到更清楚、更熟悉的感覺。請到開發者選單並選擇 Debug Remote JS，在你的瀏覽器上打開終端機。如圖 9-5，你可以看到 Chrome 開發工具顯示終端機訊息。

圖 9-5 Chrome 終端的輸出

請注意，你得先打開終端機才能看到輸出。

這是怎麼做到的呢？當你選擇遠端 JavaScript 除錯開啟後，載入 React Native 應用程式時，瀏覽器會使用標準的 `<script>` 標籤從 React Native 套件管理載入你的 React Native JavaScript 程式碼，所以你就可以完整的使用瀏覽器除錯控制。然後，套件管理會使用 WebSockets 在裝置和瀏覽器中間進行通訊。

其實我們不需要知道太多細節，只要知道如何好好利用這些工具即可！

除了使用 `console.log` 之外，你還可以使用 `console.warn` 或 `console.error`。在開發建置時，`console.warn` 會在你的應用程式下方顯示一個黃色框，而 `console.error` 的訊息則會以全螢幕的紅色顯示。這些視覺化的標示在量產建置時不會出現，所以不用擔心被使用者看到。

使用 JavaScript 除錯器

和使用 React 開發網頁時一樣，你還可以使用 JavaScript 除錯器。打開 Chrome 除錯工具並切換到 source 分頁，然後你就可以標記中斷點了，如圖 9-6。

請注意，和使用 JavaScript 終端機一樣，如果你還沒有打開開發者工具控制版，即使中斷發生，除錯器也不會啟動。同樣的，如果你沒有啟動 Debug Remote JS，則除錯器也不會啟動。

圖 9-6 使用除錯器

當使用除錯器時，你可以透過 Chrom 介面存取你平常寫程式碼所用的 view，而且可以用瀏覽器內的終端機操作目前的 JavaScript 程式碼。

使用 React 開發者工具

當以 React 開發網頁時，React 開發者工具十分好用，它們讓你能查看元件的階層結構、屬性、元件狀態，並修改瀏覽器狀態，React 開發者工具可從 Chrome extension 取得（*http://bit.ly/1O5DTlX*）。

React 開發者工具可用於 React Native，只是需要安裝獨立版本：

```
npm install -g react-devtools
```

然後用以下命令啟動 DevTools App，執行後如圖 9-7：

```
react-devtools
```

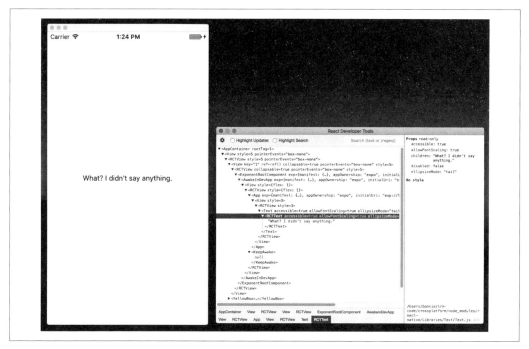

圖 9-7　React DevTools 應用程式

React Native 除錯工具

除了使用 JavaScript 的網頁除錯工具之外，React Native 還有一些特定的除錯功能。

使用 Inspect Element

透過瀏覽器使用 React 開發者工具時，你可以看到有個令人期待的 "inspect element" 功能。然而，在 app 裡也有個看起來有用的 "inspect element"。這個功能幫助我們在瀏覽樣式時，能夠快速透過元件階層找到東西。在圖 9-8 中，是查看 <Button> 元件的結果。

圖 9-8　使用 Inspect Element 時可點擊元件以查看資訊

這個 view 也可以顯示一些基本的效能指標。

解讀死亡紅幕

在開發應用程式時，最常見到的景像就是死亡紅幕。撇開它嚇人的外表，死亡紅幕其實是個福音：它會把錯誤轉成有意義的訊息。所以，在開發者工作的過程中，學習如何解讀它的訊息是很重要的。

舉例來說，一個語法錯誤可能輸出如圖 9-9，其中標記了錯誤發生處的檔案及行號。

圖 9-9 語法錯誤死亡紅幕

常見的錯誤還有使用了未匯入或定義的變數。舉例來說，一種常見的情況就是忘了匯入
<Text> 元件，例如：

```
import React, { Component } from "react";

export default class App extends Component {
  render() {
    return (
      <View>
        <Text>
          I haven't imported things properly!
        </Text>
      </View>
    );
  }
}
```

會造成如圖 9-10 的畫面。

圖 9-10 忘了匯入 <Text> 的錯誤訊息

企圖使用未宣告的變數，則會產生另外一種訊息（圖 9-11）。

圖 9-11 使用未宣告的變數之錯誤訊息

設定樣式的錯誤比較特別，舉例來說，如果你呼叫 StyleSheet.create 時輸入的錯誤值，
則 React Native 會幫你找出是哪個值錯了（如圖 9-12）。

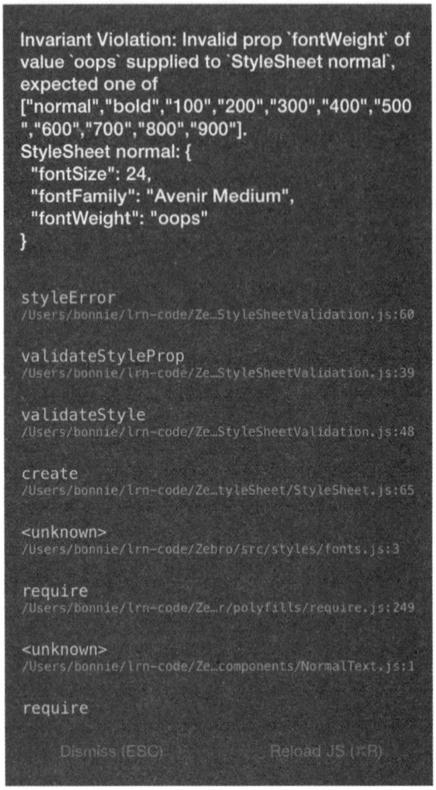

圖 9-12 樣式屬性之錯誤訊息

雖然死亡紅幕看起來可怕，但其實是來幫你的，而且錯誤訊息裡提供了有用資訊。如果
你需要跳離死亡紅幕，只要在裝置模擬器中按 Escape 鍵就可以回到你的應用程式。

除錯 JavaScript 之外

你用 Reate Native 寫行動裝置應用程式時,不止是你的 React 程式碼可能產生錯誤,你的應用程式也有可能產生錯誤。如果你是開發行動裝置應用程式的新手,碰到這種錯誤會很痛苦。而且,有時 JavaScript 只在某目標平台執行時,才會發出一些離奇的錯誤訊息,也就是目標平台配上 React Native 才會發生的困擾問題。

除了純 JavaScript 問題之外,能夠除錯其他的問題,對 React Native 開發過程極為重要。還有許多這些問題第一眼看起來都很雷同,所以我們要能利用工具進行排除。

常見的開發環境問題

想把 iOS、Android、JavaScript 的開發環境維護好有點麻煩,而且它們組合起來還有可能遇見其他的問題。

如果你在套件管理啟動時,或用 npn start、react-native run-android 時出現錯誤,則很有可能是碰到相依性問題。

如果碰到相依性問題,一個常見的解法是清理你已安裝的 npm 元件,並重新安裝:

```
rm -rf node_modules
npm install
```

常見的 Xcode 問題

當建置 iOS 應用程式時,如果你的應用程式有任何錯誤,它們會出現在 Xcode 的 Issue 控制板上(圖 9-13),你可以藉由選擇警告圖示來看到訊息。

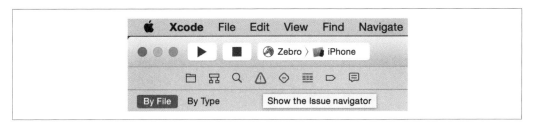

圖 9-13 檢視 Issue 控制板

Xcode 會告訴你與錯誤相關的檔案和行數，並且在 IDE 中高亮度標示出來，圖 9-14 就是一個常見錯誤的示範。

圖 9-14 介面錯誤

這個 "No visible interface for RCTRootView" 問題，指的是 React Native 的 Objective-C 類別基於某種原因無法被 Xcode 找到。一般來說，如果在 Xcode 中碰到 "X is undefined" 錯誤，而 X 的名稱又是以 RCT 開頭的類別或是 React Native 的某個類別，建議查看套件管理者並且確認 JavaScript 的相依性：

1. 離開套件管理

2. 離開 Xcode

3. 在專案目錄執行 `npm install`

4. 重開 Xcode

另外一個常見的問題就是資產大小（見圖 9-15）。

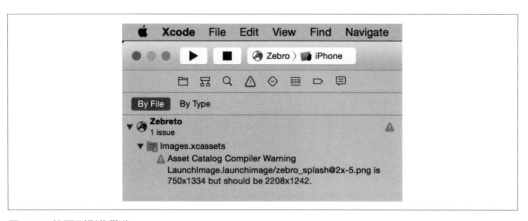

圖 9-15 找不到影像警告

由於資產會依要執行的目標平台改變大小（特別是你的應用程式的圖示），如果你使用的資產大小不正確，則 Xcode 會丟出一個警告。

一開始可能要花一些時間才能理解 Xcode 的警告，特別是對 Objetive-C 不熟的話就要更久。如果把 React Native 和 Xcode 結合起來，也有可能碰到令人困惑的問題，此時可以試著只用純 React Native 的環境，藉此開始排除問題。

常見 Android 問題

當你執行 `react-native run-android` 時，可能會碰到錯誤訊息，然後就不讓你載入應用程式了。這種情況有兩種常見的可能，第一種是 Android 相依性問題，第二種是 Android Virtual Device（或透過 USB 插入的裝置）啟動錯誤。

如果你收到套件遺失的警告，可以執行 android 並查看套件是否列示在 "installed" 中。如果沒有，就安裝它。如果確定已安裝，但是 React Native 找不到它，請試著用前面方法解決你的開發環境問題。另外也要檢查確定你的 `ANDROID_HOME` 環境變數已正確設定，並且指定 Android SDK 安裝目錄。舉例來說，在我的系統上它長得像：

```
$ echo $ANDROID_HOME
/usr/local/opt/android-sdk
```

如果你看到沒有適合的裝置可作為目標裝置的警告時，請檢查你的裝置，看看它是不是設定從模擬器啟動？若模擬器還在啟動過程中，`react-native run-android` 命令將會失敗；等候幾秒再重試一次即可。若是設定在真實的裝置上運作，則至少確認 USB 除錯設定有打開。

在你對 Android 應用程式做完簽章動作後，也有可能看見以下錯誤：

```
$./gradlew installRelease
...
INSTALL_PARSE_FAILED_INCONSISTENT_CERTIFICATES:
New package has a different signature
```

你可以藉由從你的裝置或模擬器移除舊的應用程式並重新安裝新的，來解決這個問題。這個錯誤發生的原因，是因為應用程式企圖使用不同簽章安裝所造成一所以也會發生在第一次簽章 APK 時。

React Native 套件管理

由於 React Native 依賴套件管理來建置程式碼，所以與套件管理相關的問題也快就會碰到。

不管是使用 Xcode 或是執行 react-native run-android，當你執行專案時 React Native 套件管理會自動被執行。不過，它並不會隨著結束專案執行而關閉，這代表如果你切換專案，套件管理器會持續執行─而且是從錯誤的目錄執行，所以接下來編譯程式碼就會出錯。請一定要確認是從專案的 root 執行套件管理，你也可以用 npm start 手動啟動套件管理。

如果 React Native 套件管理在啟動時丟出奇怪的錯誤，有可能是你的開發環境 xue 問題。請如前面所描述的步驟解決，也請確認你本地安裝的 npm、Node 及 react-native 是正常可用的。

發布到 iOS 裝置時的問題

當你企圖使用真實的 iOS 裝置進行應用程式測試時，可能會碰到一些特定的問題。

如果你在上傳到 iOS 裝置時出現問題，請確認你的裝置設定為正確的建置目標。在專案設定中，你的裝置有沒有被支援？舉例來說，如果已設定你的 app 不支援 iPad，則就無法發布到 iPad 上執行。

如果你使用 React Native 套件管理建置剛才編輯過的檔案，可能會看到畫面如圖 9-16。

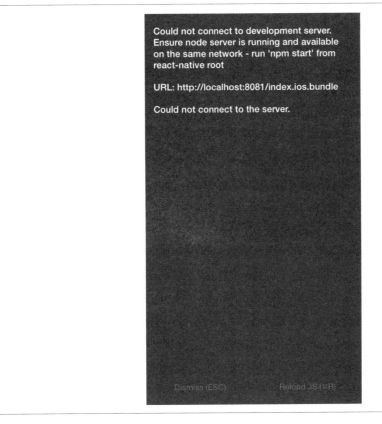

圖 9-16 無法連線到開發 server

這個畫面的意思是，你的應用程式試圖從 React Native 套件管理載入相關的 JavaScript 檔案，但是失敗了。在這種情況，請進行以下檢查：

- 你的電腦和 iOS 裝置在同一個網域嗎？
- React Native 套件管理是否從專案 root 執行？

模擬器行為

偶爾你也可能看到模擬器有奇怪的行為。如果你的應用程式持續掛掉，或是已經修改程式，但執行結果沒有跟著改變，最簡單的方法就是從裝置上刪除你的應用程式。

請注意，簡單的刪除你的應用程式可能無效；在許多系統中，你的應用程式可能會留有一些殘餘檔案，導致影響後來執行結果。如圖 9-17 所示，想要重新在乾淨的 iOS 上執行，最直接的方法就是重置模擬器，如此一來，所有的殘留檔案和應用程式就會被**完全**除去了。

圖 9-17 Reset Content and Settings…選項會刪掉你裝置上所有的殘留

Android 模擬器也一樣，你可以刪掉模擬器並重建一個乾淨的裝置。

測試程式碼

除錯是個好事，但你可能想在問題發生之前就避免問題（或發生時即時抓到它們）。你可以考慮使用自動化測試和固定型態檢查工具。

測試 JavaScript 程式碼

你所撰寫的 React Native 程式碼，其實不需要知道自己是在行動裝置上執行。舉例來說，任何主要程式邏輯都可以和畫面 render 的部分拆開。這代表你可以用已習慣的 JavaScript 開發環境中的工具來對你的 JavaScript 程式除錯。

在這一節中，我們要用 Flow 做型態檢查，以及使用 Jest 作單元測試。

Flow 型態檢查

Flow（*http://flowtype.org/*）是一個 JavaScript 的函式庫，用來做靜態型態檢查。即使在未標注型態的程式碼中，它依然能用型態推論來檢查型態錯誤，還可以讓你逐漸補完型態宣告到程式碼中。型態檢查可以幫助你及早發現可能的問題，並有助於健全在各種元件和模組間的 API。

你可以用 npm 安裝 Flow：

```
$ npm install -g flow-bin
```

執行 Flow 也很簡單：

```
$ flow check
```

預設的應用程式裡有 *.flowconfig* 檔，這個檔用來設定 Flow 的行為。如果你不想看 node_modules 下檔案中的一堆錯誤，可以將以下這一行加到你的 *.flowconfig* 檔案的 [ignore] 中：

```
.*/node_modules/.*
```

你就不會在執行 flow check 時看到那些錯誤了：

```
$ flow check
$ Found 0 errors.
```

在開發 React Native 應用程式時，請隨時使用 Flow 來協助你的工作。

用 Jest 作單元測試

React Native 支援 Jest 測試 React 元件，Jest 是一個由 Jasmine 建構而成的單元測試 framework。它提供主動自動模擬相依套件，並且可以和 React 的測試工具混用。

若要使用 Jest，首先進行安裝：

```
npm install jest-cli --save-dev
```

由於我們只需要在開發過程中使用 Jest，不需要對最後量產版本使用，所以安裝時加上 - - save-dev 旗標。

更新 *package.json* 檔，加入測試 script：

```
{
  ...
  "scripts": {
    "test": "jest"
  }
  ...
}
```

這樣在你執行 npm test 時，就會喚起 jest 了。

接下來建立一個 *tests/* 目錄，Jest 會遞迴搜尋所有在 *test/* 目錄下的檔案，並執行找到的檔案：

```
mkdir __tests__
```

現在讓我們建一個新檔 *test/dummy-test.js*，並撰寫第一個測試：

```
'use strict';

describe('a silly test', function() {
  it('expects true to be true', function() {
    expect(true).toBe(true);
  });
});
```

接下來執行 **npm test**，就可以看到測試通過了。

當然，這只是一個簡單的測試範例，如果你想瞭解更多關於 Jest 的資訊，我推薦從文件開始（*https://facebook.github.io/jest/*）。

用 Jest 做快照測試

快照測試（Snapshot）用來確認你的 UI 不會出現未預期的改變，這個特性讓它適合搭配 React 元件使用。而且，快照測試很容易使用，設定也只有一點點。

React Native 的快照測需要使用套件 react-test-renderer。

```
npm install --save react-test-renderer
```

範例 9-1 是一個簡單的 Jest 測試範例。

範例 *9-1 Styles/tests/FlexDemo-test.js*

```
import React from "react";
import FlexDemo from "../FlexDemo";

import renderer from "react-test-renderer";

test("renders correctly", () => {
  const tree = renderer.create(<FlexDemo />).toJSON();

  expect(tree).toMatchSnapshot();
});
```

如你所見，快照測試所需的程式碼很少。

你需要更新你的 *package.json* 檔案，將 Jest 加入相依套件，並把它設為 react-native 測試的前置套件。

```
"dependencies": {
  ...
  "jest": "*"
  ...
},
"jest": {
  "preset": "react-native"
}
```

執行 npm test 時，"快照" 就會被產生。

```
$ npm test
 PASS __tests__/FlexDemo-test.js
   ✓renders correctly (1216ms)

Snapshot Summary
 › 1 snapshot written in 1 test suite.
```

快照檔會看起來像範例 9-2。

範例 *9-2* 第一個快照檔

```
// Jest Snapshot v1, https://goo.gl/fbAQLP

exports[`renders correctly 1`] = `
<View
  style={
    Object {
      "alignItems": "flex-end",
      "backgroundColor": "#F5FCFF",
```

```
        "borderColor": "#0099AA",
        "borderWidth": 5,
        "flex": 1,
        "flexDirection": "row",
        "marginTop": 30,
      }
    }
  >
    <Text
      accessible={true}
      allowFontScaling={true}
      ellipsizeMode="tail"
      style={
        Object {
          "borderColor": "#AA0099",
          "borderWidth": 2,
          "flex": 1,
          "fontSize": 24,
          "textAlign": "center",
        }
      }
    >
        Child One
    </Text>
    <Text
      accessible={true}
      allowFontScaling={true}
      ellipsizeMode="tail"
      style={
        Object {
          "borderColor": "#AA0099",
          "borderWidth": 2,
          "flex": 1,
          "fontSize": 24,
          "textAlign": "center",
        }
      }
    >
        Child Two
    </Text>
    <Text
      accessible={true}
      allowFontScaling={true}
      ellipsizeMode="tail"
      style={
        Object {
          "borderColor": "#AA0099",
```

```
      "borderWidth": 2,
      "flex": 1,
      "fontSize": 24,
      "textAlign": "center",
    }
  }
>
  Child Three
</Text>
</View>
`;
```

請不要動手編輯這些檔案,當你更新你的應用程式時,執行 npm test 以得到更新。如果元件 render 出來跟之前的快照不一樣,Jest 就會發出錯誤,並且會告訴你該元件哪裡不一樣:

```
$ npm test
FAIL __tests__/FlexDemo-test.js
 • renders correctly

    expect(value).toMatchSnapshot()
    Received value does not match stored snapshot 1.

    - Snapshot
    + Received

    @@ -41,22 +41,6 @@
          }
        }
      >
        Child Two
      </Text>
-    <Text
-      accessible={true}
-      allowFontScaling={true}
-      ellipsizeMode="tail"
-      style={
-        Object {
-          "borderColor": "#AA0099",
-          "borderWidth": 2,
-          "flex": 1,
-          "fontSize": 24,
-          "textAlign": "center",
-        }
-      }
-    >
```

```
-      Child Three
-     </Text>
     </View>

    at Object.<anonymous> (__tests__/FlexDemo-test.js:11:14)

  ×  renders correctly (66ms)

Snapshot Summary
 › 1 snapshot test failed in 1 test suite.
```

藉由查看差異處，你就可以知道是由錯誤造成，還是因為你的更新造成。這些快照檔也
應該要 check in 到版本控制中。

困難求助

如果碰到十分複雜的問題而無法自行解決時，你可以試著向社群求助。以下是你可以試
著找尋建議之處：

- The #reactnative IRC chat (*irc.lc/freenode/reactnative*)

- The React discussion forum (*https://discuss.reactjs.org/*)

- StackOverflow (*http://stackoverflow.com/questions/tagged/react-native*)

如果懷疑碰到的情況是 React Native 本身出了問題，請查看 GitHub 上的已知問題清單
（*https://github.com/facebook/react-native/issues*）。當你回報問題時，若能有一個簡單的
小應用程式來指出問題在哪，將會很有幫助。

本章總結

一般來說，React Native 的除錯應該和使用 React 開發網頁時感覺差不多。大多數你已
習慣使用的工具在這裡也可以使用，這一點讓你轉換到使用 React Native 時更加容易。
這麼說吧！ React Native 應用程式本身就有它的複雜度，而這種複雜度有時會帶來一些
難解的 bug。瞭解如何做應用程式除錯，然後漸漸熟悉開發環境中的錯誤訊息，將會增
加開發工作效率。

應用程式中的過場和結構

我們已經談過關於使用 React Native 建立應用程式你所需要知道的事情,現在讓我們把所學的加在一起。至目前為止,我們處理的都是小小的範例程式,在這一章將要來看較大的應用程式之結構。我們會談到如何使用 react-navigation 中 `<StackNavigation>` 元件,來處理應用程式中不同畫面的過場。

本章的範例應用程式還會在第十一章中使用,屆時我們會整合 Redux 狀態管理函式庫到應用程式中。

Flashcard 應用程式

在這一章,我們要建立一個閃卡(flashcard)應用程式,功能是讓使用者建立一疊卡並且瀏覽這些卡。這個閃卡應用程式會比之前所用的範例複雜一些,所有的程式碼可從 GitHub(*http://bit.ly/flashcardslrn*)取得。這個應用程式以 JavaScript 為基礎並能夠跨平台:iOS 和 Android 都可以用,也可以在 Expo 中執行(意思是你可以使用 Create React Native App)。

如圖 10-1 所見,Flashcard app 有幾個主要畫面:

* 主畫面,顯示可用的卡堆,也可以建立新的卡堆
* 建立卡的畫面
* 檢視畫面

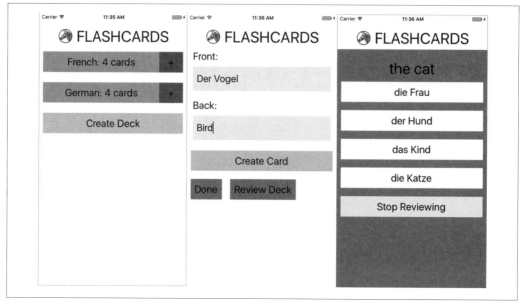

圖 10-1 顯示卡堆、建立卡及檢視卡的畫面

app 的使用者會有兩個主要的互動流程,第一個是製作內容(例如建立卡堆和卡片),建立的流程如下(如圖 10-2):

1. 使用者點擊 Create Deck

2. 使用者輸入卡堆名稱,然後點擊 Return 鈕回到 Create Deck

3. 使用者輸入卡片正面和背面的內容,好了以後按下 Create Card

4. 輸入零張或多張卡片後,使用者點擊 Done,點擊後帶他 / 她回到原來的畫面。另外一個選擇是點擊 Review Deck,就會到檢視畫面。

使用者日後還想建立新的卡片時,只要點擊主畫面的 + 按鈕即可。

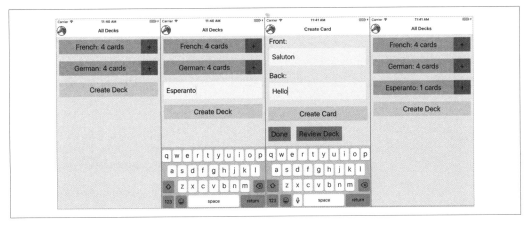

圖 10-2 建立卡堆

第二個主要互動流程是查看卡片（如圖 10-3）：

1. 使用者點擊想查看的卡堆名稱

2. 使用者看見問題畫面

3. 使用者點擊其中一個選項

4. 依使用者作答正確與否，給予回饋

5. 使用者點擊 Continue 到下一張

6. 所有的卡都查看完後，使用者會看到 "Reviews cleared ！" 畫面

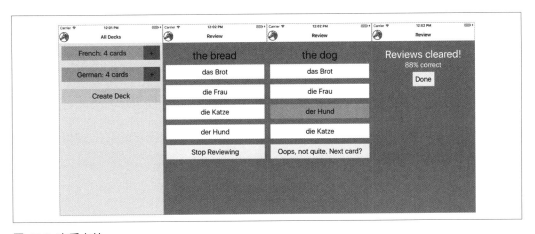

圖 10-3 查看卡片

我們將會藉由閃卡 app 及它裡面的功能，來探討幾個製作複雜應用程式時會碰到的問題。

專案結構

以下是閃卡應用程式專案的結構：

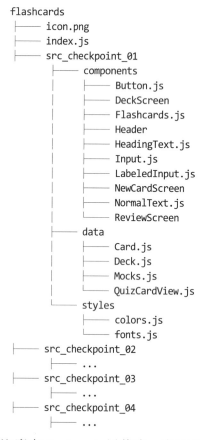

```
flashcards
├── icon.png
├── index.js
├── src_checkpoint_01
│       ├── components
│       │       ├── Button.js
│       │       ├── DeckScreen
│       │       ├── Flashcards.js
│       │       ├── Header
│       │       ├── HeadingText.js
│       │       ├── Input.js
│       │       ├── LabeledInput.js
│       │       ├── NewCardScreen
│       │       ├── NormalText.js
│       │       └── ReviewScreen
│       ├── data
│       │       ├── Card.js
│       │       ├── Deck.js
│       │       ├── Mocks.js
│       │       └── QuizCardView.js
│       └── styles
│               ├── colors.js
│               └── fonts.js
├── src_checkpoint_02
│       ├── ...
├── src_checkpoint_03
│       ├── ...
├── src_checkpoint_04
│       ├── ...
```

請注意在 *flashcards* 目錄中，有四個子目錄：*src_checkpoint_01*、*src_checkpoint_02*、*src_checkpoint_03* 以及 *src_checkpoint_04*，這些目錄是代表開發過程中不同的狀態。我們從將 *src_checkpoint_01* 開始看，以下是它的子目錄：

components/

你所有的 React 元件都在這。

data/

資料模型都在這,分別有卡、卡堆和檢視。

styles/

提供分享使用的樣式表物件。

應用程式畫面

不同時間會出現的畫面中,有三個主要場景。

第一個是主畫面建立卡堆,這個畫面的目的是要顯示目前 app 中所有的卡堆,如圖 10-4。

圖 10-4 從主畫面建立卡堆

從啟動的程式碼角度開始看，每個畫面都是一個已實作好的元件，只是它們還沒有串連在一起。此時如果你試圖和這個應用程式互動，只會顯示 "Not implemented" 警告（如圖 10-5）。

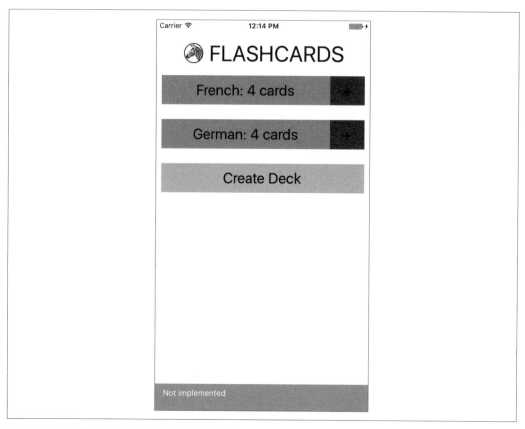

圖 10-5 你試圖操作應用程式時會得到的警告

這個應用程式的根元件在 *components/Flashcards.js* 中（見範例 10-1）。

範例 *10-1 src_checkpoint_01/components/Flashcards.js*

```
import React, { Component } from "react";
import { StyleSheet, View } from "react-native";

import Heading from "./Header";
import DeckScreen from "./DeckScreen";
import NewCardScreen from "./NewCardScreen";
import ReviewScreen from "./ReviewScreen";
```

```
class Flashcards extends Component {
  _renderScene() {
    // 回傳 <ReviewScreen />;
    // 回傳 <NewCardScreen />;
    return <DeckScreen />;
  }
  render() {
    return (
      <View style={styles.container}>
        <Heading />
        {this._renderScene()}
      </View>
    );
  }
}

const styles = StyleSheet.create({ container: { flex: 1, marginTop: 30 } });

export default Flashcards;
```

卡堆畫面、建立卡的畫面和查看畫面分別實作為 `<DeckScreen>`、`<NewCardScreen>` 以及 `<ReviewScreen>` 元件。

`<DeckScreen>` 如範例 10-2，將既存的卡堆顯示出來，另外有一個用來建立新卡堆的按鈕。

範例 *10-2 src_checkpoint_01/components/DeckScreen.js*

```
import React, { Component } from "react";
import { View } from "react-native";

import { MockDecks } from "./../../data/Mocks";
import Deck from "./Deck";
import DeckCreation from "./DeckCreation";

class DecksScreen extends Component {
  static displayName = "DecksScreen";

  constructor(props) {
    super(props);
    this.state = { decks: MockDecks };
  }

  _mkDeckViews() {
    if (!this.state.decks) {
```

```
      return null;
    }

    return this.state.decks.map(deck => {
      return <Deck deck={deck} count={deck.cards.length} key={deck.id} />;
    });
  }

  render() {
    return (
      <View>
        {this._mkDeckViews()}
        <DeckCreation />
      </View>
    );
  }
}

export default DecksScreen;
```

範例 10-3 中的 `<NewCard>` 有一個輸入新卡用的欄位。輸入完以後的回呼函式會在建立卡堆那邊，只是現在還沒實作。

範例 *10-3 src_checkpoint_01/components/NewCardScreen/index.js*

```
import React, { Component } from "react";
import { StyleSheet, View } from "react-native";

import DeckModel from "./../../data/Deck";

import Button from "../Button";
import LabeledInput from "../LabeledInput";
import NormalText from "../NormalText";
import colors from "./../../styles/colors";

class NewCard extends Component {
  constructor(props) {
    super(props);
    this.state = { font: "", back: "" };
  }

  _handleFront = text => {
    this.setState({ front: text });
  };

  _handleBack = text => {
    this.setState({ back: text });
```

```
  };

  _createCard = () => {
    console.warn("Not implemented");
  };

  _reviewDeck = () => {
    console.warn("Not implemented");
  };

  _doneCreating = () => {
    console.warn("Not implemented");
  };

  render() {
    return (
      <View>
        <LabeledInput
          label="Front"
          clearOnSubmit={false}
          onEntry={this._handleFront}
          onChange={this._handleFront}
        />
        <LabeledInput
          label="Back"
          clearOnSubmit={false}
          onEntry={this._handleBack}
          onChange={this._handleBack}
        />

        <Button style={styles.createButton} onPress={this._createCard}>
          <NormalText>Create Card</NormalText>
        </Button>

        <View style={styles.buttonRow}>
          <Button style={styles.secondaryButton} onPress={this._doneCreating}>
            <NormalText>Done</NormalText>
          </Button>

          <Button style={styles.secondaryButton} onPress={this._reviewDeck}>
            <NormalText>Review Deck</NormalText>
          </Button>
        </View>
      </View>
    );
  }
}
```

```
const styles = StyleSheet.create({
  createButton: { backgroundColor: colors.green },
  secondaryButton: { backgroundColor: colors.blue },
  buttonRow: { flexDirection: "row" }
});

export default NewCard;
```

範例 10-4 中的 <ReviewScreen>，用選擇題的方法顯示卡片，使用者選定答案後，就跳到下個查看。

範例 10-4 *src_checkpoint_01/components/ReviewScreen/index.js*

```
import React, { Component } from "react";
import { StyleSheet, View } from "react-native";

import ViewCard from "./ViewCard";
import { MockReviews } from "./../../data/Mocks";
import { mkReviewSummary } from "./ReviewSummary";
import colors from "./../../styles/colors";

class ReviewScreen extends Component {
  static displayName = "ReviewScreen";

  constructor(props) {
    super(props);
    this.state = {
      numReviewed: 0,
      numCorrect: 0,
      currentReview: 0,
      reviews: MockReviews
    };
  }

  onReview = correct => {
    if (correct) {
      this.setState({ numCorrect: this.state.numCorrect + 1 });
    }
    this.setState({ numReviewed: this.state.numReviewed + 1 });
  };

  _nextReview = () => {
    this.setState({ currentReview: this.state.currentReview + 1 });
  };
```

```
  _quitReviewing = () => {
    console.warn("Not implemented");
  };

  _contents() {
    if (!this.state.reviews || this.state.reviews.length === 0) {
      return null;
    }

    if (this.state.currentReview < this.state.reviews.length) {
      return (
        <ViewCard
          onReview={this.onReview}
          continue={this._nextReview}
          quit={this._quitReviewing}
          {...this.state.reviews[this.state.currentReview]}
        />
      );
    } else {
      let percent = this.state.numCorrect / this.state.numReviewed;
      return mkReviewSummary(percent, this._quitReviewing);
    }
  }

  render() {
    return (
      <View style={styles.container}>
        {this._contents()}
      </View>
    );
  }
}

const styles = StyleSheet.create({
  container: { backgroundColor: colors.blue, flex: 1, paddingTop: 24 }
});

export default ReviewScreen;
```

許多畫面上用的元件都不是 React Native 的元件，而是為了製作閃卡 app 所做的可重用元件，現在讓我們仔細看看它們。

可重用元件

稍早以前有說過，如果你要建一個大型的應用程式，利用一些可分享重用的樣式元件會很有幫助。你可能已注意到在前面用的元件中，不是用 <Text> 進行文字的 render，而是用 <HeadingText> 和 <NormalText>。同樣的，<Button> 元件、<Input> 元件和 <LabeledInput> 元件也一直被重用，這有助於保持程式碼的可讀性、簡化建立新元件以及保持整體應用程式的樣式。

以下的元件是可重用元件，我們將在閃卡 app 啟動時開始，並在應用程式動作的過程中持續使用它們。

第一個元件是簡單的 <Button>，如範例 10-5，它包裝了 <TouchableOpacity> 元件中的任意元件（例如在 this.pros.children 中的元件）。它做了一個 onPress 回呼函式，並支援透過屬性複寫樣式。

範例 *10-5 src_checkpoint_01/components/Button.js*

```
import React, { Component } from "react";
import { StyleSheet, View, TouchableOpacity } from "react-native";

import colors from "./../styles/colors";

class Button extends Component {
  static displayName = "Button";
  render() {
    let opacity = this.props.disabled ? 1 : 0.5;
    return (
      <TouchableOpacity
        activeOpacity={opacity}
        onPress={this.props.onPress}
        style={[styles.wideButton, this.props.style]}
      >
        {this.props.children}
      </TouchableOpacity>
    );
  }
}

Button.defaultProps = { disabled: false };

export default Button;

const styles = StyleSheet.create({
  wideButton: {
```

```
      justifyContent: "center",
      alignItems: "center",
      padding: 10,
      margin: 10,
      backgroundColor: colors.pink
    }
  });
```

接著要看的是 <NormalText> 元件，如範例 10-6，它只為原來的 <Text> 元件加上一些樣式，讓它可以隨視窗大小改變大小和字型樣式。

範例 *10-6 src_checkpoint_01/components/NormalText.js*

```
import React, { Component } from "react";
import { StyleSheet, Text, View } from "react-native";

import { fonts, scalingFactors } from "./../styles/fonts";
import Dimensions from "Dimensions";
let { width } = Dimensions.get("window");

class NormalText extends Component {
  static displayName = "NormalText";

  render() {
    return (
      <Text style={[this.props.style, fonts.normal, scaled.normal]}>
        {this.props.children}
      </Text>
    );
  }
}

const scaled = StyleSheet.create({
  normal: { fontSize: width * 1.0 / scalingFactors.normal }
});

export default NormalText;
```

範例 10-7 中的 <HeadingText> 和 <NormalText> 差不多，只是字型更大。

範例 *10-7 src_checkpoint_01/components/HeadingText.js*

```
import React, { Component } from "react";
import { StyleSheet, Text, View } from "react-native";

import { fonts, scalingFactors } from "./../styles/fonts";
import Dimensions from "Dimensions";
```

```
let { width } = Dimensions.get("window");

class HeadingText extends Component {
  static displayName = "HeadingText";

  render() {
    return (
      <Text style={[this.props.style, fonts.big, scaled.big]}>
        {this.props.children}
      </Text>
    );
  }
}

const scaled = StyleSheet.create({
  big: { fontSize: width / scalingFactors.big }
});

export default HeadingText;
```

範例 10-8 中的 `<Input>` 為內建的 `<TextInput>` 提供一些合理的預設屬性值,並處理元件更新和呼叫回呼函式。

範例 10-8 *src_checkpoint_01/components/Input.js*

```
import React, { Component } from "react";
import { StyleSheet, TextInput, View } from "react-native";

import colors from "./../styles/colors";
import { fonts } from "./../styles/fonts";

class Input extends Component {
  constructor(props) {
    super(props);
    this.state = { text: "" };
  }

  _create = () => {
    this.props.onEntry(this.state.text);
    this.setState({ text: "" });
  };

  _onSubmit = ev => {
    this.props.onEntry(ev.nativeEvent.text);
    if (this.props.clearOnSubmit) {
      this.setState({ text: "" });
    }
```

```
    };

    _onChange = text => {
      this.setState({ text: text });
      if (this.props.onChange) {
        this.props.onChange(text);
      }
    };

    render() {
      return (
        <TextInput
          style={[
            styles.nameField,
            styles.wideButton,
            fonts.normal,
            this.props.style
          ]}
          ref="newDeckInput"
          multiline={false}
          autoCorrect={false}
          onChangeText={this._onChange}
          onSubmitEditing={this._onSubmit}
        />
      );
    }
  }

  // 如果沒有特別指定的話，會使用預設的 props
  Input.defaultProps = { clearOnSubmit: true };

  export default Input;

  const styles = StyleSheet.create({
    nameField: { backgroundColor: colors.tan, height: 60 },
    wideButton: { justifyContent: "center", padding: 10, margin: 10 }
  });
```

範例 10-9 中的 `<LabeledInput>` 合併了 `<Input>` 以及 `<NormalText>` 元件。

範例 *10-9 src_checkpoint_01/components/LabeledInput.js*

```
    import React, { Component } from "react";

    import { StyleSheet, View } from "react-native";

    import Input from "./Input";
```

```
import NormalText from "./NormalText";

class LabeledInput extends Component {
  render() {
    return (
      <View style={styles.wrapper}>
        <NormalText style={styles.label}>
          {this.props.label}:
        </NormalText>
        <Input
          onEntry={this.props.onEntry}
          onChange={this.props.onChange}
          clearOnSubmit={this.props.clearOnSubmit}
          style={this.props.inputStyle}
        />
      </View>
    );
  }
}

const styles = StyleSheet.create({
  label: { paddingLeft: 10 },
  wrapper: { padding: 5 }
});

export default LabeledInput;
```

樣式

除了可重用的元件外，在 *styles* 目錄下還有數個樣式表，這些樣式表在整個閃卡 app 中都會使用。這些檔案在我們開發閃卡應用程式的過程中不會被修改。

第一個是 *fonts.js*，用來設定預設字型大小和色彩（見範例 10-10）。

範例 *10-10 src_checkpoint_01/styles/fonts.js*

```
import { StyleSheet } from "react-native";

export const fonts = StyleSheet.create({
  normal: { fontSize: 24 },
  alternate: { fontSize: 50, color: "#FFFFFF" },
  big: { fontSize: 32, alignSelf: "center" }
});

export const scalingFactors = { normal: 15, big: 10 };
```

第二個是 *colors.js*，用來定義一些應用程式中會用到的色彩（見範例 10-11）。

範例 10-11 src_checkpoint_01/styles/colors.js

```
export default (palette = {
  pink: "#FDA6CD",
  pink2: "#d35d90",
  green: "#65ed99",
  tan: "#FFEFE8",
  blue: "#5DA9E9",
  gray1: "#888888"
});
```

資料模型

現在我們已經看過閃卡應用程式如何處理畫面輸出，但它怎麼處理資料呢？哪些資料持續保持追蹤？又如何做到呢？

我們關心兩個基本資料模型：卡和卡堆。查看卡片的行為就是建立在卡和卡堆兩者之上，但又不需要儲存。以下的類別提供一些方法來處理卡和卡堆，這樣我們就不用在純 JavaScript 物件中處理它們。

範例 10-12 是 Deck 類別，讓你根據卡片名稱建立卡堆，每個 Deck 都含有 Cards 陣列，它也有提供加入一張卡到卡堆的方法。

在範例 10-12 中，我們要用 md5 模組基於卡片、卡堆的資料來生成簡單的 ID。

範例 10-12 src_checkpoint_01/data/Deck.js

```
import md5 from "md5";

class Deck {
  constructor(name) {
    this.name = name;
    this.id = md5("deck:" + name);
    this.cards = [];
  }

  setFromObject(ob) {
    this.name = ob.name;
    this.cards = ob.cards;
    this.id = ob.id;
  }

  static fromObject(ob) {
```

```
      let d = new Deck(ob.name);
      d.setFromObject(ob);
      return d;
    }

    addCard(card) {
      this.cards = this.cards.concat(card);
    }
  }

  export default Deck;
```

一張卡有兩面,而且一張卡屬於某個卡堆,Card 類別如範例 10-13。

範例 *10-13 src_checkpoint_01/data/Card.js*

```
  import md5 from "md5";

  class Card {
    constructor(front, back, deckID) {
      this.front = front;
      this.back = back;
      this.deckID = deckID;
      this.id = md5(front + back + deckID);
    }

    setFromObject(ob) {
      this.front = ob.front;
      this.back = ob.back;
      this.deckID = ob.deckID;
      this.id = ob.id;
    }

    static fromObject(ob) {
      let c = new Card(ob.front, ob.back, ob.deckID);
      c.setFromObject(ob);
      return c;
    }
  }

  export default Card;
```

範例 10-14 為 QuizCardView,是查看卡堆的其中一張,它包含一個問題、幾個可能的答案,以及一個正確答案,還有卡的方向(例如是英文到西班牙文,還是西班牙文到英文這種方向)。這個類別還包含從一組卡堆生成問題的方法。

範例 *10-14 src_checkpoint_01/data/QuizCardView.js*

```
import _ from "lodash";

class QuizCardView {
  constructor(orientation, cardID, prompt, correctAnswer, answers) {
    this.orientation = orientation;
    this.cardID = cardID;
    this.prompt = prompt;
    this.correctAnswer = correctAnswer;
    this.answers = answers;
  }
}

function mkReviews(cards) {
  let makeReviews = function(sideOne, sideTwo) {
    return cards.map(card => {
      let others = cards.filter(other => {
        return other.id !== card.id;
      });

      let answers = _.shuffle(
        [card[sideTwo]].concat(_.sampleSize(_.map(others, sideTwo), 3))
      );

      return new QuizCardView(
        sideOne,
        card.id,
        card[sideOne],
        card[sideTwo],
        answers
      );
    });
  };

  let reviews = makeReviews("front", "back").concat(
    makeReviews("back", "front")
  );
  return _.shuffle(reviews);
}

export { mkReviews, QuizCardView };
```

最後，Mocks 類別提供一些模擬資料，用在測試和開發應用程式（見範例 10-15）。

範例 *10-15 src_checkpoint_01/data/Mocks.js*

```javascript
import CardModel from "./Card";
import DeckModel from "./Deck";
import { mkReviews } from "./QuizCardView";

let MockCards = [
  new CardModel("der Hund", "the dog", "fakeDeckID"),
  new CardModel("das Kind", "the child", "fakeDeckID"),
  new CardModel("die Frau", "the woman", "fakeDeckID"),
  new CardModel("die Katze", "the cat", "fakeDeckID")
];

let MockCard = MockCards[0];
let MockReviews = mkReviews(MockCards);
let MockDecks = [new DeckModel("French"), new DeckModel("German")];

MockDecks.map(deck => {
  deck.addCard(new CardModel("der Hund", "the dog", deck.id));
  deck.addCard(new CardModel("die Katze", "the cat", deck.id));
  deck.addCard(new CardModel("das Brot", "the bread", deck.id));
  deck.addCard(new CardModel("die Frau", "the woman", deck.id));
  return deck;
});

let MockDeck = MockDecks[0];

export { MockReviews, MockCards, MockCard, MockDecks, MockDeck };
```

在我們開發閃卡 app 的過程中，*data* 目錄中的檔案不會被變更。

使用 React-Navigation

現在我們擁有一個骨架，而且做完很多 render 工作的應用程式，但是它還沒有功能，讓我們將 app 裡的功能串起來。

行動裝置的應用程式通常會有幾個畫面，並提供畫面之間的過場方法。導航（navigation）函式庫用來處理這些過場，並給開發者一種方法做畫面間關係的表達。我們要使用的是 React Navigation，這個函式庫是由 react-community GitHub 專案提供（*https://github.com/react-community*）。

建立 StackNavigator

從將 react-navigation 加入到專案開始。

```
npm install --save react-navigation
```

React Navigation 通常會提供數種導航器（*navigator*），導航器會 render 出一些常見又可以被設定的 UI 元素，例如標頭欄，它們同時也決定你應用程式的導航結構。我們要用的導航器叫 StackNavigator，它一次只 render 單一畫面，並為 "堆疊（stack）" 中的畫面提供過場，這個大概也是行動裝置應用程式最常見的模式。

React Navigation 提供其他的導航器，例如 TabNavigator 以及 DrawerNavigator，它們適用的應用程式結構也有些許不同。你也可以在單一應用程式中合併使用多個導航器。

現在，讓我們將 StackNavigator 匯入 *components/Flashcards.js* 中。

```
import { StackNavigator } from "react-navigation"
```

為了要使用 StackNavigator，我們需要為它準備可用畫面的資訊。

```
let navigator = StackNavigator({
  Home: { screen: DeckScreen },
  Review: { screen: ReviewScreen },
  CardCreation: { screen: NewCardScreen }
});
```

然後，我們不從 *Flashcards.js* 匯出 <Flashcards> 元件，而是匯出導航器。

```
export default navigator;
```

用 navigation.navigate 在畫面中做過場

建立一個 StackNavigator 能做什麼？呃，現在 StackNavigator 中的每個畫面，都會在特定的 navigation 屬性時被 render，如果我們呼叫：

```
this.props.navigation.navigate("SomeRoute");
```

則導航器會企圖找到對應名稱的畫面進行 render。

另外，我們可以還可以跳到 stack 中的上一個畫面：

```
this.props.navigation.goBack();
```

讓我們修改 <DeckScreen> 元件，使得點擊卡堆時就切換到 <ReviewScreen> 畫面。

首先，看一下 `<Deck>` 元件，它在 `<DeckScreen>` 中被使用（範例 10-16）。

範例 10-16 src_checkpoint_01/components/DeckScreen/Deck.js

```javascript
import React, { Component } from "react";
import { StyleSheet, View } from "react-native";

import DeckModel from "./../../data/Deck";
import Button from "./../Button";
import NormalText from "./../NormalText";
import colors from "./../../../styles/colors";

class Deck extends Component {
  static displayName = "Deck";

  _review = () => {
    console.warn("Not implemented");
  };

  _addCards = () => {
    console.warn("Not implemented");
  };

  render() {
    return (
      <View style={styles.deckGroup}>

        <Button style={styles.deckButton} onPress={this._review}>
          <NormalText>
            {this.props.deck.name}: {this.props.count} cards
          </NormalText>
        </Button>

        <Button style={styles.editButton} onPress={this._addCards}>
          <NormalText>+</NormalText>
        </Button>
      </View>
    );
  }
}

const styles = StyleSheet.create({
  deckGroup: {
    flexDirection: "row",
    alignItems: "stretch",
    padding: 10,
    marginBottom: 5
  },
```

```
      deckButton: { backgroundColor: colors.pink, padding: 10, margin: 0, flex: 1 },
      editButton: {
        width: 60,
        backgroundColor: colors.pink2,
        justifyContent: "center",
        alignItems: "center",
        alignSelf: "center",
        padding: 0,
        paddingTop: 10,
        paddingBottom: 10,
        margin: 0,
        flex: 0
      }
    });

    export default Deck;
```

然後修改 *Deck.js* 中的 _review()，以喚起 review 屬性：

```
    _review = () => {
      this.props.review();
    }
```

現在這個屬性在使用者點擊代表卡堆的按鈕時，就會被呼叫。

接下來，我們要更新 *DeckScreen/index.js*。

把 _review() 函式加在此處：

```
    _review = () => {
      console.warn("Actual reviews not implemented");
      this.props.navigation.navigate("Review");
    }
```

請注意，我們現在用的胖箭頭（=>）功能宣告句法，是為了要將功能和類別綁定。就是將 React 生命週期方法自動的和元件實例綁在一起。

然後，在被 render 的 <Deck> 元件中加入適當的屬性。

```
    _mkDeckViews() {
      if (!this.state.decks) {
        return null;
      }

      return this.state.decks.map((deck) => {
        return (
```

```
    <Deck
      deck={deck}
      count={deck.cards.length}
      key={deck.id}
      review={this._review} />);
  });
}
```

執行應用程式。當你點擊卡堆時，就應該會跳到查看畫面了！

用 navigationOptions 設定抬頭

若想改變抬頭欄的內容，也可以將 navigationOptions 傳給 StackNavigator。

讓我們更新 *Flashcards.js* 檔，以設定一些基本的抬頭樣式選項（見範例 10-17）。

範例 *10-17 src_checkpoint_02/components/Flashcards.js*

```
import React, { Component } from "react";
import { StyleSheet, View } from "react-native";
import { StackNavigator } from "react-navigation";

import Logo from "./Header/Logo";
import DeckScreen from "./DeckScreen";
import NewCardScreen from "./NewCardScreen";
import ReviewScreen from "./ReviewScreen";

let headerOptions = {
  headerStyle: { backgroundColor: "#FFFFFF" },
  headerLeft: <Logo />
};

let navigator = StackNavigator({
  Home: { screen: DeckScreen, navigationOptions: headerOptions },
  Review: { screen: ReviewScreen, navigationOptions: headerOptions },
  CardCreation: { screen: NewCardScreen, navigationOptions: headerOptions }
});

export default navigator;
```

另外，在 *DeckScreen/index.js* 檔中，設定更多的 navigationOptions。

```
class DecksScreen extends Component {

  static navigationOptions = {
    title: 'All Decks'
```

```
    };

    ...
  }
```

設定 title 會改變 StackNavigator render 出來的抬頭欄文字。

如果再執行一次我們的應用程式，就可以看到改變已生效（圖 10-6）。

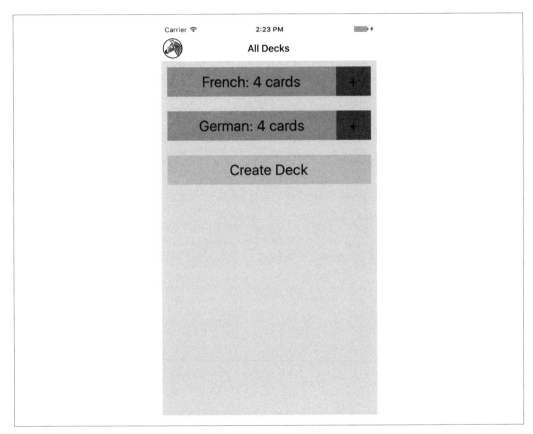

圖 10-6　透過 navigationOptions 設定抬頭文字

其他部分實作

現在我們有了 StackNavigator，還需要和應用程式的其他部分結合起來，特別是以下的互動應該要能動作：

- 在 <DeckScreen> 點擊卡堆後，要能過場到 <ReviewScreen>

- 在 <DeckScreen> 點擊加號按鈕後，要能過場到 <NewCardScreen>

- 在 <NewCardScreen> 點擊 Done 以後，要能回到 <DeckScreen>

- 在 <NewCardScreen> 點擊 Create Card 之後，要能過場到一個新 <NewCardScreen>

- 在 <NewCardScreen> 點擊 Review Deck 後，要過場到 <ReviewScreen>

- 在 <ReviewScreen> 點擊 Stop Reviewing 後，要能回到 <DeckScreen>

- 在 <ReviewScreen> 點擊 Done 後，要能回到 <DeckScreen>

- 在 <DeckScreen> 建立新卡堆，要能過場到 <NewCardScreen>

這小節所更新的程式碼都在 GitHub（*https://github.com/bonniee/learning-react-native/
tree/2.0.0/src/flashcards/src_checkpoint_02*）中取得，以下的檔更是有修改過的檔案：

- *components/DeckScreen/Deck.js*

- *components/DeckScreen/DeckCreation.js*

- *components/DeckScreen/index.js*

- *components/NewCardScreen/index.js*

- *components/ReviewScreen/index.js*

- *components/Flashcards.js*

- *components/Header/Logo.js*

本章總結

在 React Native 中要做一個大的應用程式有它的困難度，雖然我們在前幾章中已經看過
建構 React Native 應用程式必要的部分，而閃卡 App 是一個將它們組合在一起的好例
子。透過使用 React 導航函式庫，我們可以將應用程式的許多不同畫面組合成一個完整
的用戶體驗。

在一下節中，我們將為閃卡應用程式加入 Redux，它是一個狀態管理函式庫，然後將搭
配 AsyncStorage 使用，保存應用程式啟動後的各種狀態。

應用程式的狀態管理

在第十章,我們用閃卡應用程式做出發點,討論了大型應用程式的結構。隨著應用程式漸漸長大,最容易遇到的就是狀態管理問題。React Native 也一樣:隨著應用程式變大,可以藉由使用狀態管理函式庫管理狀態。在這一章中,我將會使用管理資料流的函式庫 Redux,將它加入我們的閃卡應用程式中,另外也會整合 AsyncStorage 到 Redux 儲存空間中。

使用 Redux 管理狀態

Redux 是架構於 Flux 資料流模型以及函式編寫概念,本書的前面的範例中,都還沒有引入資料流管理。對於小型的應用程式來說,元件互相溝通是件簡單的事,比方說點擊一個按鈕,可能影響父物件的狀態:

```
class Child extends Component {
  render() {
    <TouchableOpacity onPress={this.props.onPress}>
      <Text>Child Component</Text>
    </TouchableOpacity>
  }
}
```

藉由將回呼函式從父物件傳給子物件,我們可以用子物件修改父物件的互動行為:

```
class Parent extends Component {
  constructor(props) {
    super(props);
    this.initialState = { numTaps: 0 };
  }
```

```
_handlePress = () => {
  this.setState({numTaps: this.state.numTaps + 1});
}

render() {
  <Child onPress={this._handlePress}/>
  }
}
```

這種方法在單純的情況下是沒有問題的。

但若是互動再更複雜,就需要一個更完整的資料流結構。試想如果物件樹的底層元件要傳遞狀態給高層元件,會發生什麼情況呢?很有可能最後就像一團義大利麵一樣纏來纏去,花很多時間管理回呼函式。管理活動路徑、處理使用者互動、從 server 取得資料以及發生變更等,這些事情在你的應用程式中造成狀態變多時,複雜性會增加,造成不能預期的連鎖反應。

Redux 是一種設計來簡化管理你的應用程式狀態的函式庫,目標是讓狀態改變可預期並容易管理。

在 Redux 中,狀態存在於單一物件中,也在單一**儲存**中,它就是唯一標準答案。需要這個答案才能決定 render 狀態的物件可以**連接**到該儲存處,並將狀態當作**屬性**接收。使用這個狀態的物件不能直接改變狀態值。

狀態若要變更,必須經由預先定義的 *action* 才能變更。例如一個 *reducer*(**減少器**)中包含動作資訊,動作資訊就是狀態能如何以及何時改變的規則,reducer 需要合併使用前一個狀態以及動作資訊,才能計算出新的狀態值。使用 reducer 能集中狀態規則,有助於除錯。

以上講了一堆理論,不如看看實際上怎麼動作。讓我們安裝 Redux,並看看如何將它加到我們的閃卡應用程式中。除了安裝 redux 套件外,還要安裝 react-redux 套件,它是將 redux 綁進 React 的套件。

```
npm install --save redux react-redux
```

Action

動手以前讓我們定義要用哪些 *action* 來改變狀態。我們要建立一些字串常數來代表不同種類的 action(範例 11-1)。

範例 *11-1　src_checkpoint_03/actions/types.js*

```
export const ADD_DECK = "ADD_DECK";
export const ADD_CARD = "ADD_CARD";
export const REVIEW_DECK = "REVIEW_DECK";
export const STOP_REVIEW = "STOP_REVIEW";
export const NEXT_REVIEW = "NEXT_REVIEW";
```

每一 action 種類都代表一種使用者動作，並含有基本的應用程式功能：新增卡或卡堆、開始或停止查看卡片。

Redux 中的 *action* 是一個物件，這種物件含有一個名為**種類**（*type*）的 key，還有一些資料。我們將用一些 *action creator* 來建立這些 actoin 物件（見範例 11-2）。雖然沒有將每個 action createor 分開存放在不同檔案，但集中存放這些程式碼於一個檔案中，仍有助於保持程式碼乾淨，而且可一眼看盡 action 的定義。

範例 *11-2　src_checkpoint_03/actions/creators.js*

```
import {
  ADD_DECK,
  ADD_CARD,
  REVIEW_DECK,
  STOP_REVIEW,
  NEXT_REVIEW
} from "./types";

import Card from "../data/Card";
import Deck from "../data/Deck";

export const addDeck = name => {
  return { type: ADD_DECK, data: new Deck(name) };
};

export const addCard = (front, back, deckID) => {
  return { type: ADD_CARD, data: new Card(front, back, deckID) };
};

export const reviewDeck = deckID => {
  return { type: REVIEW_DECK, data: { deckID: deckID } };
};

export const stopReview = () => {
  return { type: STOP_REVIEW, data: {} };
};
```

```
export const nextReview = () => {
  return { type: NEXT_REVIEW, data: {} };
};
```

看起來，這些 action creator 只是圖個方便而已。例如，**addDeck** 輸入的參數是卡堆的名稱，然後處理實際的 Deck 建立。

Reducer

Action 是你應用程式中發生的事情，而 *Reducer* 用來敘述狀態如何改變。一個 Reducer 是一個 "純功能"：它沒有副作用，它的回傳值決定於輸入值。（不要在 reducer 中呼叫 Math.random）

一個最簡單的 reducer 如下：

```
const reducer = (state = {}, action) => {
  return state;
}
```

我們的狀態會包含兩種項目：一個卡堆陣列以及目前查看資訊。預設的狀態如下：

```
decks: [],
currentReview: {
  deckID = null,
  questions = [],
  currentQuestionIndex = 0
}
```

讓我們用 ADD_DECK 來寫第一個 reducer，回頭看 *actions/creators.js*，可以看到以下的 action：

```
{
  type: ADD_DECK,
  data: new Deck(name)
}
```

如果我們要為 decks key 寫一個 reducer，外觀應該如下所示：

```
const decksReducer = (state = [], action) => {
  // 回傳一些 state
}
```

由於我們想要將新卡堆從 action 加入到既有的狀態中，所以 deckReducer 要這麼寫：

```
const deckReducer = (state = [], action) => {
  switch (action.type) {
    case ADD_DECK:
      return state.concat(action.data);
  }
  return state;
}
```

一開始是對 action 的種類做 switch，不過目前暫時只有處理 ADD_DECK 一種 action，所以其他的情況我們都回傳原來的狀態，不做任何改變，特別記得要處理 default 情況。

然後，如果 action 種類正是 ADD_DECK，就將新的卡堆連接到現有的卡堆狀態，然後回傳它。

現在實作其他的 deckReducer 程式碼（見範例 11-3）。

範例 *11-3 src_checkpoint_03/reducers/decks.js*

```
import { ADD_DECK, ADD_CARD } from "../actions/types";

function decksWithNewCard(oldDecks, card) {
  return oldDecks.map(deck => {
    if (deck.id === card.deckID) {
      deck.addCard(card);
      return deck;
    } else {
      return deck;
    }
  });
}

const reducer = (state = [], action) => {
  console.warn("Changes are not persisted to disk");

  switch (action.type) {
    case ADD_DECK:
      return state.concat(action.data);
    case ADD_CARD:
      return decksWithNewCard(state, action.data);
  }
  return state;
};

export default reducer;
```

接下來,我們來看看卡片查看的 reducer(範例 11-4)。這個 reducer 負責處理 REVIEW_
DECK、NEXT_REVIEW 以及 STOP_REVIEW 三個 acton。STOP_REVIEW 的處理是最簡單的:將狀態
改為預設狀態。NEXT_REVIEW 的處理是增加查看的索引。REVIEW_DECK 比較複雜,因為我
們要取出一個卡堆,並為它生成問題。

範例 11-4 src_checkpoint_03/reducers/reviews.js

```
import { mkReviews } from "./../data/QuizCardView";
import { REVIEW_DECK, NEXT_REVIEW, STOP_REVIEW } from "./../actions/types";

export const mkReviewState = (
  deckID = null,
  questions = [],
  currentQuestionIndex = 0
) => {
  return { deckID, questions, currentQuestionIndex };
};

function findDeck(decks, id) {
  return decks.find(d => {
    return d.id === id;
  });
}

function generateReviews(deck) {
  return mkReviewState(deck.id, mkReviews(deck.cards), 0);
}

function nextReview(state) {
  return mkReviewState(
    state.deckID,
    state.questions,
    state.currentQuestionIndex + 1
  );
}

const reducer = (state = mkReviewstate(), action, decks) => {
  switch (action.type) {
    case REVIEW_DECK:
      return generateReviews(findDeck(decks, action.data.deckID));
    case NEXT_REVIEW:
      return nextReview(state);
    case STOP_REVIEW:
      return mkReviewState();
  }
```

```
      return state;
    };

    export default reducer;
```

請注意，這個 reducer 需要卡堆的資訊，所以它的長相和 decksReducer 有點不一樣。

現在集合起來一起看。在 Redux 中，你只會把一個 reducer 連接到狀態儲存處，所以我們要把這些都合併成一個 redeucer（範例 11-5）。

範例 *11-5 src_checkpoint_03/reducers/index.js*

```
    import { MockDecks, MockCards } from "./../data/Mocks";

    import DecksReducer from "./decks";
    import ReviewReducer, { mkReviewState } from "./reviews";

    const initialState = () => {
      return { decks: MockDecks, currentReview: mkReviewState() };
    };

    export const reducer = (state = initialState(), action) => {
      let decks = DecksReducer(state.decks, action);

      return {
        decks: decks,
        currentReview: ReviewReducer(state.currentReview, action, decks)
      };
    };
```

現在我們已寫了一些 Redux 的程式碼，下一步要將它整合到我們的應用程式中。

連結 Redux

記得我們說狀態只存在單一的 Redux 儲存裡嗎？讓我們打開應用程式的根元件 *components/Flashcard.js*，並建立儲存。

首先，我們要匯入 redux 的 createStore 方法，還有在 *reducers/index.js* 中建立的 reducer，然後建立儲存。

```
    import { createStore } from "redux";
    import { reducer } from "../reducers/index";

    let store = createStore(reducer);
```

接著，為了要在應用程式中使用這個儲存，我們要加入一個 <Provider> 元件。

將根元件以一個 <Provider> 包裝起來，使元件樹中的任何元件可以使用 Redux 儲存。請記得 Redux 中的狀態是唯讀的，所以元件樹裡的任何元件去讀取狀態都不會造成風險。<Provider> 是 react-redux 套件的一部分。

範例 11-6 是整合 Redux 儲存後完整的元件檔。

範例 11-6 *src_checkpoint_03/components/Flashcards.js*

```javascript
import React, { Component } from "react";
import { StyleSheet, View } from "react-native";
import { StackNavigator } from "react-navigation";
import { createStore } from "redux";

import { Provider } from "react-redux";

import { reducer } from "../reducers/index";

import Logo from "./Header/Logo";
import DeckScreen from "./DeckScreen";
import NewCardScreen from "./NewCardScreen";
import ReviewScreen from "./ReviewScreen";

let store = createStore(reducer);

let headerOptions = {
  headerStyle: { backgroundColor: "#FFFFFF" },
  headerLeft: <Logo />
};

const Navigator = StackNavigator({
  Home: { screen: DeckScreen, navigationOptions: headerOptions },
  Review: { screen: ReviewScreen, navigationOptions: headerOptions },
  CardCreation: {
    screen: NewCardScreen,
    path: "createCard/:deckID",
    navigationOptions: headerOptions
  }
});

class App extends Component {
  render() {
    return (
      <Provider store={store}>
        <Navigator />
      </Provider>
```

```
      );
    }
  }

  export default App;
```

現在已將 Redux 整合完成，讓我們用它來 render 些資料吧！我們要從修改 <DecksScreen> 元件，利用 Redux 儲存裡的內容來顯示卡堆。

為了要**連接**指定的元件到 Redux 儲存，我們要使用 react-redux 綁定。

```
  import { connect } from "react-redux"
```

然後要定義兩個函式：mapStateToProps 以及 mapDispatchToProps。

mapStateToProps 描述 Redux 儲存的狀態如何以屬性型態提供給元件，我們的狀態包含卡堆陣列，還要計算 counts。

```
  const mapStateToProps = state => {
    return {
      decks: state.decks,
      counts: state.decks.reduce(
        (sum, deck) => {
          sum[deck.id] = deck.cards.length;
          return sum;
        },
        {}
      )
    };
  };
```

同時，mapDispatchToProps 定義元件會收到什麼屬性，該屬性會被用在 action 分派。我們將匯入 action creator，並在這裡呼叫它們。

```
  import { addDeck, reviewDeck } from "./../../actions/creators";
  ...
  const mapDispatchToProps = dispatch => {
    return {
      createDeck: deckAction => {
        dispatch(deckAction);
      },
      reviewDeck: deckID => {
        dispatch(reviewDeck(deckID));
      }
    };
  };
```

最後，要呼叫 connect() 建立 Redux 連接元件。

```
export default connect(mapStateToProps, mapDispatchToProps)(DecksScreen);
```

將全部東西集結起來，元件中新屬性（reviewDeck、createDeck、decks 以及 counts）已
經可以使用了。現在 <DecksScreen> 會依 Redux 收到的屬性進行 render，也會將 Redux
action 進行分派，不再直接修改狀態（範例 11-7）。

範例 11-7 src_checkpoint_03/components/DeckScreen/index.js

```
import React, { Component } from "react";
import { View } from "react-native";

import { connect } from "react-redux";

import { MockDecks } from "./../../data/Mocks";
import { addDeck, reviewDeck } from "./../../actions/creators";
import Deck from "./Deck";
import DeckCreation from "./DeckCreation";

class DecksScreen extends Component {
  static displayName = "DecksScreen";

  static navigationOptions = { title: "All Decks" };

  _createDeck = name => {
    let createDeckAction = addDeck(name);
    this.props.createDeck(createDeckAction);
    this.props.navigation.navigate("CardCreation", {
      deckID: createDeckAction.data.id
    });
  };

  _addCards = deckID => {
    this.props.navigation.navigate("CardCreation", { deckID: deckID });
  };

  _review = deckID => {
    this.props.reviewDeck(deckID);
    this.props.navigation.navigate("Review");
  };

  _mkDeckViews() {
    if (!this.props.decks) {
      return null;
    }
```

```
      return this.props.decks.map(deck => {
        return (
          <Deck
            deck={deck}
            count={this.props.counts[deck.id]}
            key={deck.id}
            add={() => {
              this._addCards(deck.id);
            }}
            review={() => {
              this._review(deck.id);
            }}
          />
        );
      });
    }

    render() {
      return (
        <View>
          {this._mkDeckViews()}
          <DeckCreation create={this._createDeck} />
        </View>
      );
    }
}

const mapDispatchToProps = dispatch => {
  return {
    createDeck: deckAction => {
      dispatch(deckAction);
    },
    reviewDeck: deckID => {
      dispatch(reviewDeck(deckID));
    }
  };
};

const mapStateToProps = state => {
  return {
    decks: state.decks,
    counts: state.decks.reduce(
      (sum, deck) => {
        sum[deck.id] = deck.cards.length;
        return sum;
      },
      {}
```

```
    )
  };
};

export default connect(mapStateToProps, mapDispatchToProps)(DecksScreen);
```

一般來說，當你使用 Redux 或類似的函式庫時，常會把原先對 this.state 的存取取代掉。若你的元件越依賴使用屬性，越少依賴 state 存取，當應用程式漸漸長大，複雜度也會比較好管理。

我們也要對 <NewCardScreen> 以及 <ReviewScreen> 元件進行類似的修改，請見範例 11-8 以及 11-9。如我們前面對 <DecksScreen> 做的一樣，也要為它們兩者都實作 mapDispatchToProps 以及 mapStateToProps 函式。

範例 11-8 *src_checkpoint_03/components/NewCardScreen/index.js*

```
import React, { Component } from "react";
import { StyleSheet, View } from "react-native";

import DeckModel from "./../../data/Deck";
import { addCard } from "./../../actions/creators";
import { connect } from "react-redux";

import Button from "../Button";
import LabeledInput from "../LabeledInput";
import NormalText from "../NormalText";
import colors from "./../../styles/colors";

class NewCard extends Component {
  static navigationOptions = { title: "Create Card" };

  static initialState = { front: "", back: "" };

  constructor(props) {
    super(props);
    this.state = this.initialState;
  }

  _deckID = () => {
    return this.props.navigation.state.params.deckID;
  };

  _handleFront = text => {
    this.setState({ front: text });
  };
```

```
_handleBack = text => {
  this.setState({ back: text });
};

_createCard = () => {
  this.props.createCard(this.state.front, this.state.back, this._deckID());
  this.props.navigation.navigate("CardCreation", { deckID: this._deckID() });
};

_reviewDeck = () => {
  this.props.navigation.navigate("Review");
};

_doneCreating = () => {
  this.props.navigation.navigate("Home");
};

render() {
  return (
    <View>
      <LabeledInput
        label="Front"
        clearOnSubmit={false}
        onEntry={this._handleFront}
        onChange={this._handleFront}
      />
      <LabeledInput
        label="Back"
        clearOnSubmit={false}
        onEntry={this._handleBack}
        onChange={this._handleBack}
      />
      <Button style={styles.createButton} onPress={this._createCard}>
        <NormalText>Create Card</NormalText>
      </Button>

      <View style={styles.buttonRow}>
        <Button style={styles.secondaryButton} onPress={this._doneCreating}>
          <NormalText>Done</NormalText>
        </Button>

        <Button style={styles.secondaryButton} onPress={this._reviewDeck}>
          <NormalText>Review Deck</NormalText>
        </Button>
      </View>
    </View>
  );
```

```
    }
  }

  const styles = StyleSheet.create({
    createButton: { backgroundColor: colors.green },
    secondaryButton: { backgroundColor: colors.blue },
    buttonRow: { flexDirection: "row" }
  });

  const mapStateToProps = state => {
    return { decks: state.decks };
  };

  const mapDispatchToProps = dispatch => {
    return {
      createCard: (front, back, deckID) => {
        dispatch(addCard(front, back, deckID));
      }
    };
  };

  export default connect(mapStateToProps, mapDispatchToProps)(NewCard);
```

範例 *11-9 src_checkpoint_03/components/ReviewScreen/index.js*

```
  import React, { Component } from "react";
  import { StyleSheet, View } from "react-native";

  import { connect } from "react-redux";
  import ViewCard from "./ViewCard";
  import { mkReviewSummary } from "./ReviewSummary";
  import colors from "./../../styles/colors";
  import { reviewCard, nextReview, stopReview } from "./../../actions/creators";

  class ReviewScreen extends Component {
    static displayName = "ReviewScreen";

    static navigationOptions = { title: "Review" };

    constructor(props) {
      super(props);
      this.state = { numReviewed: 0, numCorrect: 0 };
    }

    onReview = correct => {
      if (correct) {
        this.setState({ numCorrect: this.state.numCorrect + 1 });
```

```
      }
      this.setState({ numReviewed: this.state.numReviewed + 1 });
  };

  _nextReview = () => {
    this.props.nextReview();
  };

  _quitReviewing = () => {
    this.props.stopReview();
    this.props.navigation.goBack();
  };

  _contents() {
    if (!this.props.reviews || this.props.reviews.length === 0) {
      return null;
    }

    if (this.props.currentReview < this.props.reviews.length) {
      return (
        <ViewCard
          onReview={this.onReview}
          continue={this._nextReview}
          quit={this._quitReviewing}
          {...this.props.reviews[this.props.currentReview]}
        />
      );
    } else {
      let percent = this.state.numCorrect / this.state.numReviewed;
      return mkReviewSummary(percent, this._quitReviewing);
    }
  }

  render() {
    return (
      <View style={styles.container}>
        {this._contents()}
      </View>
    );
  }
}

const styles = StyleSheet.create({
  container: { backgroundColor: colors.blue, flex: 1, paddingTop: 24 }
});

const mapDispatchToProps = dispatch => {
```

```
      return {
        nextReview: () => {
          dispatch(nextReview());
        },
        stopReview: () => {
          dispatch(stopReview());
        }
      };
    };

    const mapStateToProps = state => {
      return {
        reviews: state.currentReview.questions,
        currentReview: state.currentReview.currentQuestionIndex
      };
    };

    export default connect(mapStateToProps, mapDispatchToProps)(ReviewScreen);
```

用 AsyncStorage 保存資料

現在，我們的閃卡應用程式的狀態還不能儲存，所以如果我們加完一堆卡片，再重啟 app，卡就全都不見了。所以讓我們用 AsyncStorage 來儲存應用程式的狀態。

這是一個展現 redux 有多好用的範例：由於我們的狀態已經集中管理，所以現在增加儲存的功能才會這麼簡單。

從加入一個負責讀入 / 寫出狀態到磁碟的檔案開始，如範例 11-10，請記得 AsyncStorage.getItem 以及 AsyncStorage.setItem 都是非同步的 API。

範例 11-10 _src_checkpoint_04/storage/decks.js_

```
    import { AsyncStorage } from "react-native";
    import Deck from "./../data/Deck";
    export const DECK_KEY = "flashcards:decks";
    import { MockDecks } from "./../data/Mocks";

    async function read(key, deserializer) {
      try {
        let val = await AsyncStorage.getItem(key);
        if (val !== null) {
          let readValue = JSON.parse(val).map(serialized => {
```

```
      return deserializer(serialized);
    });
    return readValue;
  } else {
    console.info(`${key} not found on disk.`);
    return [];
  }
} catch (error) {
  console.warn("AsyncStorage error: ", error.message);
}
}

async function write(key, item) {
  try {
    await AsyncStorage.setItem(key, JSON.stringify(item));
  } catch (error) {
    console.error("AsyncStorage error: ", error.message);
  }
}

export const readDecks = () => {
  return read(DECK_KEY, Deck.fromObject);
};

export const writeDecks = decks => {
  return write(DECK_KEY, decks);
};

// For debug/test purposes.
const replaceData = writeDecks(MockDecks);
```

記得我們的 Redux 狀態有兩個元素嗎？ decks 以及 currentReview。由於 currentReview 只是一個暫時的瞬間狀態，所以我們只要儲存 decks 即可。

現在我們已經有方法可以從 AsyncStorage 讀入寫出卡堆資訊，接下來加入一個新的 action 種類：LOAD_DATA，加入到 *actions/types.js*，如範例 11-11。

範例 *11-11* 在 *src_checkpoint_04/actions/types.js* 中加入新種類

```
export const LOAD_DATA = "LOAD_DATA";
```

還要在 *actions/creators.js* 中撰寫對應的 action creator（見範例 11-12）。

範例 *11-12* 在 *src_checkpoint_04/actions/creators.js* 中加入 *action creator*

```
export const loadData = data => {
  return { type: LOAD_DATA, data: data };
};
```

接著,在儲存建好以後更新 *Flashcards.js*,以從磁碟載入資料。

```
import { readDecks } from "../storage/decks";
import { loadData } from "../actions/creators";

...

let store = createStore(reducer);

// 在應用程式啟動時,從磁碟讀出先前已存的 state
readDecks().then(decks => {
  store.dispatch(loadData(decks));
});
```

現在還要分派這個 action,需要更新卡堆的 reducer 來處理 LOAD_DATA action。另外,在處理 ADD_CARD 或 ADD_DECK action 時,這個 reducer 還負責儲存卡堆狀態(範例 11-13)。

範例 *11-13* 更新 *src_checkpoint_04/reducers/decks.js* 以儲存狀態

```
import { ADD_DECK, ADD_CARD, LOAD_DATA } from "../actions/types";
import Deck from "./../data/Deck";
import { writeDecks } from "./../storage/decks";

function decksWithNewCard(oldDecks, card) {
  let newState = oldDecks.map(deck => {
    if (deck.id === card.deckID) {
      deck.addCard(card);
      return deck;
    } else {
      return deck;
    }
  });
  saveDecks(newState);
  return newState;
}

function saveDecks(state) {
  writeDecks(state);
  return state;
}
```

```
const reducer = (state = [], action) => {
  switch (action.type) {
    case LOAD_DATA:
      return action.data;
    case ADD_DECK:
      let newState = state.concat(action.data);
      saveDecks(newState);
      return newState;
    case ADD_CARD:
      return decksWithNewCard(state, action.data);

  }
  return state;
};

export default reducer;
```

還要 ... 沒了！因為狀態由 Redux 管理，所以修改完卡堆的 reducer 以後，所有的狀態改變都會被保留到 AsyncStorage 中。

本章總結和作業

通常 Redux 以及類似功能的狀態管理函式庫，會受到一項批評，就是會為應用程式添加很多樣版程式碼。沒錯，我們前面為了把 Redux 加入閃卡應用程式中，也是多寫了幾個新的檔案。但是這樣的樣版程式碼，強迫將狀態關係明確的表達，也使得程式的複雜度變得好管理。使用 Redux 以後，想寫出狀態相關的 bug 也變得不容易！另外也會得到一些額外的好處，例如可以進行時間旅行除錯（time travel debugging），而且，如我們在整合 AsyncStorage 時看到的，未來再對應用程式進行修改時，也會相對比較簡單。

你選用哪一種狀態管理函式庫並不是很重要，而且建構大型應用程式也有許多不同的方法。不過，對於大型的 React 應用程式來說，如果你對狀態管理沒有任何計劃，最終很可能會碰到狀態相關的 bug，以及現有元件難以修改的困境。多注重狀態和資料流管理，就越是件好事。

閃卡應用程式雖然只是個參考範例，但從很多方面來說，它確實是個實用的小應用程式，而且還有很多可以改進的方法。這麼說吧，在程式碼中，還有很多值得探索的地方，而我也很鼓勵你多深入研究。

如果你想要在 React Native 的世界裡多作練習，請到 GitHub repository 中取得閃卡應用程式完整的程式碼，然後為它添加更多功能，以下是你可以考慮做的：

- 加入刪除卡堆的功能
- 加入可以瀏覽卡堆中所有卡的畫面
- 顯示查看一段時間卡片測驗所得成績統計
- 換不同的樣式

結語

如果你已讀到這裡，先恭禧你！

你從建立第一個 React Native 應用程式 "Hello, World" 開始，一直到完成 iOS 和 Android 共享程式碼——功能複雜且完整的應用程式。從基本的 React Native 的元件開始，然後進行樣式設定，接著是搭配目標平台的原生 API，像是 AsyncStorage 及 Geolocation API 等。我們使用開發者工具對 React Native 應用程式進行除錯，最後發布到實際裝置上執行。除了 React Native 標準函式庫所提供的功能外，我們也看到如何使用原生 Objective-C、Java 模組及使用 npm 的第三方 JavaScript 函式庫。

將你原來對 JavaScript 和 React 的知識，再加上本書所說的內容，應該能讓你快速有效率的開始寫跨 iOS 和 Android 平台的行動裝置應用程式了。當然，要學的還有很多，單就這一本書也無法完全說明如何使用 React Native 開發行動裝置 App 這個主題。如果你發現自己卡在某個問題，請向社群求助，不論是 Stack Overflow（*http://stackoverflow. com/questions/tagged/react-native*）或是 IRC（*irc.lc/freenode/reactnative*）。

保持聯絡！加入 LearningReactNative.com 的 *Learning React Native* 郵件討論串可獲得更多資源，或是書的更新訊息。你也可以透過 Twitter 找到我（*http://twitter.com/ brindelle*）。

最後，也是最重要的是，玩得開心！我很期待看到你的作品。

Modern JavaScript 語法

本書的範例程式碼中，部分使用了 modern JavaScript 語法，如果你對這種語法感到陌生也不用擔心一它是由你熟知的 JavaScript 語法簡單轉換而來。

ECMAScript 5 簡稱 ES5，是最廣為使用的 JavaScript 語言規範。然而在 ES6、ES7 和之後的版本引入許多引人注目的語言功能。React Native 採用 JavaScript 編譯器 Babel（*https://babeljs.io/*）來轉換 JavaScript 以及 JSX 程式碼。Babel 的功能之一，就是將新的語法轉換為相容於 ES5 JavaScript，所以我們就可以在寫 React 時，也使用 ES6 以上的語言功能。

let 和 const

在 ES6 以前的 JavaScript 中，用 var 來宣告變數。

在 ES6 中則新增兩種宣告變數的方法：let 和 const。若一個變數宣告時使用 const，就表示它的值不能被重新指定，也就是說，以下的用法是不合法的：

```
const count = 2;
count = count + 1; // 不行
```

let 和 var 宣告的變數可以被重新指定值，但用 let 宣告的變數只能被用在宣告處同一個程式區塊。

本書中有些範例仍然使用 var 進行變數宣告，但也有使用 let 和 const 的地方，別太在意它們的差別。

匯入模組

我們可以使用 CommonJS 模組語法匯出我們的元件及其他 JavaScript 模組（範例 A-1）。在系統中，使用 require 表示匯入其他模組，並為 module.exports 指定一個值，表示這個檔案的內容可以被其他模組使用。

範例 *A-1* 使用 *CommonJS* 語法取得及匯出模組

```
var OtherComponent = require('./other_component');

class MyComponent extends Component {
  ...
}

module.exports = MyComponent;
```

ES6 的模組語法（*http://mzl.la/21cv5QF*）中，匯入和匯出是用 import 和 export，範例 A-2 是使用 ES6 模組語法的示範：

範例 *A-2* 使用 *ES6* 模組語法匯入和匯出模組

```
import OtherComponent from './other_component';

class MyComponent extends Component {
  ...
}

export default MyComponent;
```

解構賦值

解構賦值（*http://mzl.la/1I6ppBl*）是一個從物件中取得值的捷徑。

假設 ES5 相容的程式碼如下：

```
var myObj = {a: 1, b: 2};
var a = myObj.a;
var b = myObj.b;
```

用解構賦值來寫可以更簡捷：

```
var {a, b} = {a: 1, b: 2};
```

你通常會看到解構賦值搭配 import 述句一起用，當我們匯入 React 時，實際上是接受一個物件。當然也可以不要使用解構的方法作匯入，如範例 A-3。

範例 *A-3* 不用解構賦值匯入元件

```
import React from "react";
let Component = React.Component;
```

不過使用解構賦值更好，如範例 A-4。

範例 *A-4* 用解構賦值匯入元件

```
import React, { Component } from "react";
```

函式簡寫

ES6 的函式簡寫（*http://mzl.la/1SW4AJ4*）也很方便。在 ES5 相容的 JavaScript 中，我們定義函式的方法如範例 A-5。

範例 *A-5* 傳統函式宣告

```
render: function() {
  return <Text>Hi</Text>;
}
```

一直要寫 function 這個字實在很煩，所以範例 A-6 是使用 ES6 的函式簡寫定義同一個函式。

範例 *A-6* 函式簡寫宣告

```
render() {
  return <Text>Hi</Text>;
}
```

胖箭頭函式

在 ES5 相容的 JavaScript 中，常需要 bind 我們的函式，讓它們的內容（例如 this 的值）符合預期（範例 A-7），這種情況在處理回呼函式時特別容易碰到。

範例 *A-7* ES5 相容的 *JavaScript* 綁定函式

```
var callbackFunc = function(val) {
  console.log('Do something');
}.bind(this);
```

胖箭頭函式（*http://mzl.la/1MN2cRj*）會自行綁定，所以我們不用自己做（範例 A-8）。

範例 A-8 用胖箭頭綁定函式

```
var callbackFunc = (val) => {
  console.log('Do something');
};
```

預設參數

你可以為函式指定預設參數，如範例 A-9。

範例 A-9 指定預設參數

```
var helloWorld = (name = "Bonnie") => {
        console.log("Hello, " + name);
}

helloWorld("Zach"); // Prints "Hello, Zach"
helloWorld(); // Prints "Hello, Bonnie"
```

當你想要確保參數有正確的預設值時，這個語法很好用。

字串插值

在 ES5 相容的 JavaScript 中，我們可以使用範例 A-10 的方法建立一個字串。

範例 A-10 ES5 相容的 JavaScript 字串相接

```
var API_KEY = 'abcdefg';
var url = 'http://someapi.com/request&key=' + API_KEY;
```

我們可以用模板字串取代（*http://mzl.la/21cvceS*），它支援多行字串以及字串插值，藉由用引號把字串包夾起來，可以使用 ${} 語法插入變數值（範例 A-11）。

範例 A-11 ES6 的字串插值

```
var API_KEY = 'abcdefg';
var url = `http://someapi.com/request&key=${API_KEY}`;
```

使用 Promise

Promise 是一種物件，這種物件用來表示某件事最終一定會發生。和自己手動處理回呼函式回傳成功或失敗的情況比起來，Promise 提供介面一致的 API 進行非同步動作。

假設你有兩個回呼函式：一個處理成功，另外一個處理失敗情況（範例 A-12）。

範例 *A-12 定義兩個回呼函式*

```
function successCallback(result) {
  console.log("It succeeded: ", result);
}

function errorCallback(error) {
  console.log("It failed: ", error);
}
```

老式的寫法會傳入兩個回呼函式，並看結果是成功還是失敗，進行相對應的回呼動作（範例 A-13）。

範例 *A-13 老式 JavaScript 對付成功或失敗回呼函式的方法*

```
uploadToSomeAPI(successCallback, errorCallback);
```

如果改用新的 promise 語法，你可以如範例 A-14 那樣傳遞成功和失敗的回呼函式。

範例 *A-14 promise 傳遞成功或失敗回呼函式的方法*

```
uploadToSomeAPI().then(successCallback, errorCallback);
```

雖然上面兩種範例長得很像，但使用 promise 的優點於當你要用的回呼函式或非同步動作很多時就會很明顯。假設你想要透過某 API 上傳資料，更新使用者介面，最後找到新資料。

用舊式的回呼函式寫法，我們很容易掉入一種叫 "回呼函式地獄" 的情況（範例 A-15）。

範例 *A-15 串連回呼函式變得很混亂又重複*

```
uploadToSomeAPI(
  (result) => {
    updateUserInterface(
      result,
      uiUpdateResult => {
        checkForNewData(
          uiUpdateResult,
```

```
      newDataResult => {
        successCallback(newDataResult);
      },
      errorCallback
    );
  },
  errorCallback
);
}, errorCallback
);
```

若是改用 promise 寫法，我們可以用 then 方法串連回呼函式，如範例 A-16。

範例 *A-16* 用 *promise* 串連就變得簡單

```
uploadToSomeAPI()
  .then(result => updateUserInterface(result))
  .then(uiUpdateResult => checkForNewData(uiUpdateResult))
  .then(newDataResult => successCallback(newDataResult))
  .catch(errorCallback)
```

這樣不僅可以讓程式碼得乾淨，每次我們寫一個函式時，也不用再重新實作回呼處理。

發布你的應用程式

一旦你把**超棒**應用程式寫好以後,接下來就要把它給使用者使用。

依平台不同,發布應用程式的流程也不同,而且 Google 和 Apple 也一直更改發布的步驟。不過,基本的流程還是一樣的:

1. 把你的資產檢查三次:應用程式圖示、啟始畫面等等。

2. 指定要目標發布的作業系統版本和裝置。

3. 做 release 建置。

4. 申請帳戶。

5. 準備好 App Store 和 Play Store 要具備的應用程式說明,包括宣傳用的畫面截圖。

6. 將應用程式傳給執行 beta 測試的人員,並收回測試結果。

7. 送出審查。

8. 發布!

檢查你的應用程式資產以及指定要目標發布的作業系統版本和裝置

在開發過程中很容易忽略這些步驟,你要確定應用程式有合適的圖示和啟動畫面,如此一來,在你想發布的裝置上才會有正確大小和解析度。

對於你應用程式會用到的任何圖片、影片和其他資產也一樣，確認已為所有目標裝置準備好合適的版本。

做 release 建置

在交給使用者之前，你必須將你的應用程式作量產的 release 建置。這個版本的應用程式不會有除錯訊息，也會去掉 React Native 套件管理，直接以 JavaScript 進行建置。

官方的 React Native 文件（*https://facebook.github.io/react-native/docs/running-on-device.html*）中有對 iOS 和 Android 量產建置的指引。

申請帳戶

為了要將你的應用程式發布到 Android 裝置上，你需要向 Google Play（*https://developer.android.com*）註冊。同樣的想透過 App Store 發布程式，也要註冊 Apple Developer 帳戶（*https://developer.apple.com*）。

這個流程中，你必須提供一些必要的資訊，例如聯絡方式或付款資訊等。

Beta 測試

你若想知道應用程式在多種不同的裝置和作業系統版本下運作的情況，它們在裝置直放和橫放時是不是正常？低電量時？網路速度很慢時？或是被推播中斷執行時呢？

想要知道真實世界裡應用程式跑起來效果如何，最好的方法就是把它交給真人去評估。Play Store 和 App Store 都有內建的程式，讓你可以將應用程式交由 beta 測試人員進行測試。

準備說明

你得說服別人下載你的應用程式！所以得準備好宣傳用的截圖、選擇正確的分類，並寫一些吸引人的敘述。

準備好了以後，就把應用程式送出去審查。

等待審查結果

在寫網頁時,發布流程全都是自己控制的,你可能已習慣一天送很多個版本出去。但在 iOS App Store 以及 Google Play Store 中發布時,發布變得比較複雜,而且新版本通常需要被審查,審查時間可能從一天到數星期不等,所以在你作專案計畫時,最好把發布和審查的時間也算進去。

發布

經過辛苦努力完成應用程式後,看到它終於上線(圖 B-1),真是令人振奮。不過,發布你的應用程式給使用者只是個開頭,未來要對後面的版本進行支援。和網頁不一樣,做網頁時你可以很常且容易的發布新版本,發布行動裝置應用程式需要時間,而且每個版本的生命週期也比較長。許多 iOS 和 Android 用戶都沒有啟動自動更新功能,所以每個版本都很重要。而且,每次你提出更新或 bug 修復時,至少都要等待審查的時間。(對於重大問題的修復,你可以要求加速審查,但使用加速審查時要小心。)

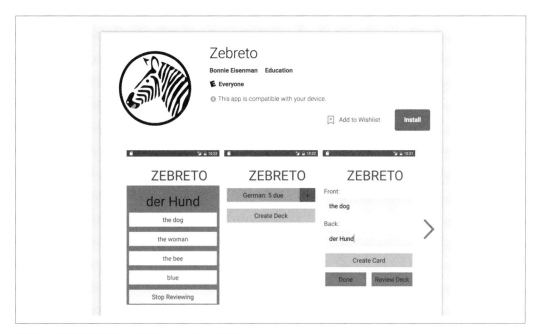

圖 B-1 閃卡應用程式,可在 Play Store 下載

最後,恭禧你成功發布你的 app!

使用 Expo 應用程式

Expo 是一個讓你不用安裝 Xcode 或 Android Studio，就可以寫 React Native app 的工具。由 Create React Native App 工具建立出來的專案，就是 Expo 專案。

Expo 讓你在實際裝置上開發變得簡單，幫助除去進入 React Native 時的絆腳石，所以它是你學習 React Native 時的好選擇。

你可以在 expo.io（*https://expo.io/*）上學習並安裝 Expo 手機 app。

從 Expo 做 Ejecting

任何需要做客製原生程式碼的專案（不管是你的，或是要你用 `react-native link` 進行安裝的第三方模組），都不能使用 Expo。Expo 提供一個 "eject" 的方法，讓原來專案升級為傳統、完整的 React Native 專案。這個方法會把你原有的 Expo 應用程式改建為完整的 React Native 專案，這個改變是不可逆的，所以你做了之後，就不能回頭使用 Expo。

如果你想在建置過程中得到更多控制，或是打算把應用程式送到 iOS App Store 或 Google Play Store 時，你也必須對 Expo 專案做 eject。

更多的細節可參閱 Create React Native App 的文件（*https://github.com/react-community/create-react-native-app*）。

索引

※ 提醒您：由於翻譯書排版的關係，部分索引名詞的對應頁碼會和實際頁碼有一頁之差。

關於作者

Bonnie Eiseman 目前是 Twitter 的軟體工程師，之前在 Google 的 Codecademy 及 Fog Creek 軟體工作過，她演講的主題廣泛，從 React、撰寫音樂程式及 Arduino。空閒時，她喜歡製作電子樂器、雷射切割巧克力及學習語言。

出版記事

在 *Learning React Native* 封面上的動物是環尾袋貂（*Pseudocheirus peregrinus*），牠是一種原產於澳大利亞的有袋動物。環尾袋貂是草食動物，主要生活在森林地區。牠得名於牠那善於抓住東西的尾巴。

環尾袋貂呈灰褐色，身長可達 35 公分，飲食包括各種葉子、花和水果。牠們是夜行性動物，生活在松鼠的巢穴中。環尾袋貂作為有袋動物，會把幼子放在袋中，直到牠們發育成熟能獨立生存為止。

在 20 世紀 50 年代，環尾袋貂的數量急速下降，但近年來已恢復。然後，由於森林砍伐，牠們仍面臨棲息地危機。O'Reilly 出版圖書封面上許多動物都已瀕臨滅絕；這些動物對這世界來說都很重要。想瞭解更多如何提供幫助的訊息，請到 *animals.oreilly.com*。

封面圖片來自 *Shaw's Zoology*。

React Native 學習手冊第二版

作　　者：Bonnie Eisenman
譯　　者：張靜雯
企劃編輯：蔡彤孟
文字編輯：詹祐甯
設計裝幀：陶相騰
發 行 人：廖文良

發 行 所：碁峰資訊股份有限公司
地　　址：台北市南港區三重路 66 號 7 樓之 6
電　　話：(02)2788-2408
傳　　真：(02)8192-4433
網　　站：www.gotop.com.tw
書　　號：A543
版　　次：2018 年 06 月二版
建議售價：NT$580

國家圖書館出版品預行編目資料

React Native 學習手冊 / Bonnie Eisenman 原著；張靜雯譯. -- 二
　版. -- 臺北市：碁峰資訊, 2018.06
　　面；　公分
　　譯自：Learning React Native : building native mobile apps
with Javascript, 2nd ed.
　　ISBN 978-986-476-816-5(平裝)
　　1.系統程式　2.軟體研發　3.行動資訊
312.52　　　　　　　　　　　　　　　　　　　107007258

讀者服務

- 感謝您購買碁峰圖書，如果您對本書的內容或表達上有不清楚的地方或其他建議，請至碁峰網站：「聯絡我們」\「圖書問題」留下您所購買之書籍及問題。(請註明購買書籍之書號及書名，以及問題頁數，以便能儘快為您處理)
  http://www.gotop.com.tw

- 售後服務僅限書籍本身內容，若是軟、硬體問題，請您直接與軟體廠商聯絡。

- 若於購買書籍後發現有破損、缺頁、裝訂錯誤之問題，請直接將書寄回更換，並註明您的姓名、連絡電話及地址，將有專人與您連絡補寄商品。

- 歡迎至碁峰購物網
  http://shopping.gotop.com.tw
  選購所需產品。